目录

开始编织之前

无论是新手还是老手，首先要准备好基本材料！
编织手链的优点是：就地取材，制作便捷。
编织打结的顺序适用于所有的手链。

★ 材料和工具… 解决“需要准备什么”的问题

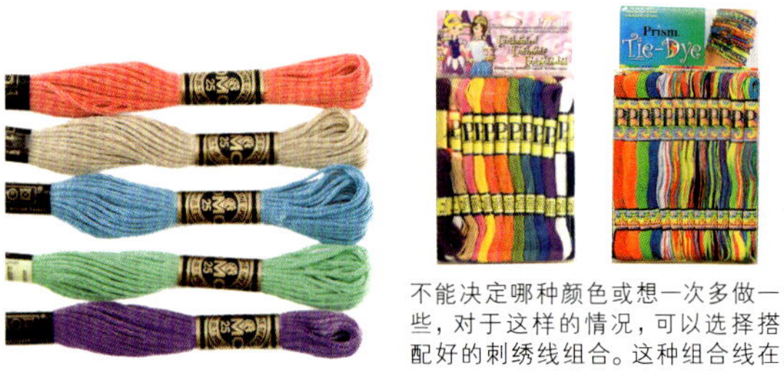

不能决定哪种颜色或想一次多做一些，对于这样的情况，可以选择搭配好的刺绣线组合。这种组合线在P.35、P.46的手链编织中使用到。

本书中使用的麻线，有细的和中粗的两种。颜色很丰富，有单色、段染、草木染、蓝染等多种。

1 刺绣线

本书中使用的是25号刺绣线，25号刺绣线由6根线合成。一束线的长度约8m。线的颜色很丰富，只要学会了基本的编织方法，就可以用自己喜欢的颜色随意编织。剩余的线可以和编织手链的同伴们互相交换哦。

2 麻线

适合编织装饰品和日用品的麻线是100%的手工制作用线。大麻属于麻科植物，所以最初会给人坚硬的感觉。但是用一段时间后就会变得柔软亲肤了。

线的粗细（实物大小）

由于线的粗细不同，即便是同样的编法，手链的宽度与长度也会不同。

刺绣线　约1mm
麻线　细　约1.2mm
麻线　中粗　约1.8mm

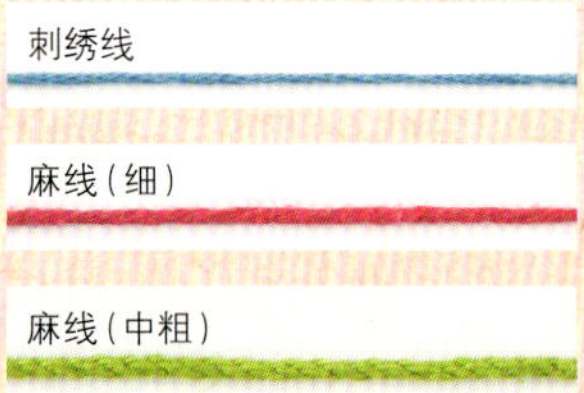

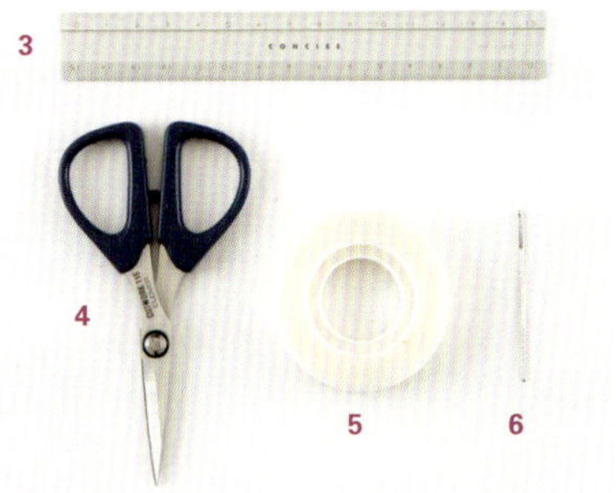

3 尺子

测量线的长度，确认手链的长度。

4 剪刀

按照要求的长度剪线，把手链做好后的线头剪齐。建议选用小巧便利的手工用剪刀。

5 胶带

用胶带把线固定在操作台上。如果担心操作台的颜料会被粘掉的话，可以选用黏合力稍弱的胶带。

6 针

打错结的地方可以用针解开，还可以用针处理编完的线头。建议选用针头相对圆钝的十字绣花针。

7 珠子和小饰品

作为装饰物使用。若要用线把珠子穿起来的话，我们不妨选择穿孔比较大的珠子。若是在编完之后再缝上去的话，可以自由选择饰品。

编织完成后缝上去的饰物

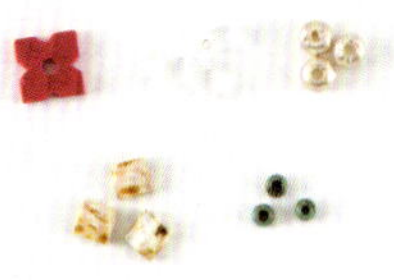

稍小的珠子

选择一般工艺的珠子小号穿孔的就可以，选择珍珠等会显得高雅。

小饰物和链子

制作链子的诀窍是把饰物一个个都穿起来。小饰物等穿起来后，看起来很华丽。

穿线后编结

印有文字的串珠、金属串珠、天然石串珠、椰子壳串珠等

在麻线编织的手链上穿串珠也很流行！如果使用文字类的串珠，那么就很容易做出声援手链。天然石是力量和权势的象征。金属串珠和椰子壳串珠适合男性。

金属部件

大号的金属小饰物和椰子壳串珠可以作为编结处的装饰，看起来也相当不错。

★编结的顺序…记住整个编织的步骤是编出漂亮手链的关键

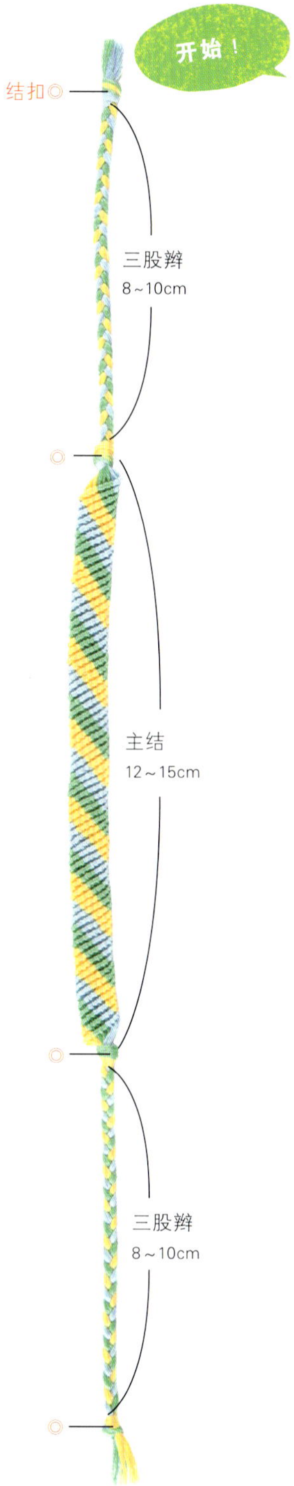

步骤 1

按照作品的尺寸准备刺绣线

制作方法中标示的刺绣线的长度为制作所标尺寸的手链所需的长度。在编织过程中线的长度会因为拉伸力度的变化而变化，所以对于不太熟练的人来说或者想编得长一些的人来说，不妨把线预备得更长一些。

步骤 2

留出两端编三股辫的部分，在此处编结

留出的线长度大约是三股辫长度的1.5倍。把线束整齐地挽起来，系好。

※临时系住线束，随后还要解开，所以不要系得太紧。

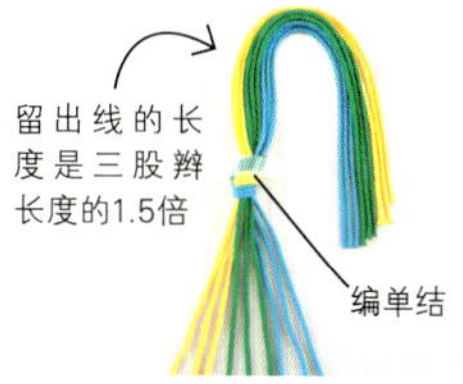

步骤 3

把线固定在操作台上整理好

用胶带把线束的结扣处固定在桌上，按照编织的顺序把线整理好。

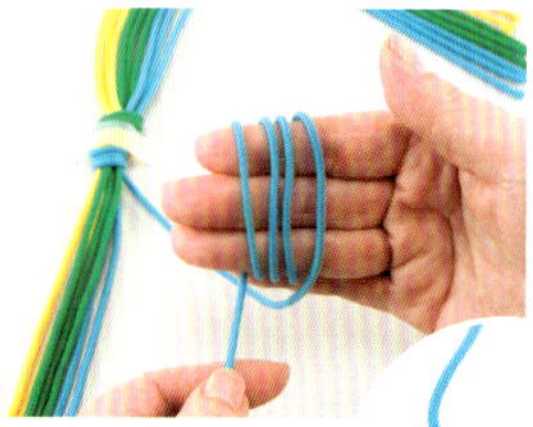

步骤 4

主结

在绕编的时候，不要让芯线太松。只有用力一致适中，编出来的结扣部分才会大小整齐，不会歪歪扭扭。

如果线过长的话，可以把线头处挽起来便于顺利操作。

不小心弄错了……

用针头把打错的结扣轻轻挑松动，把芯线拉出来，就可以很容易地解开结扣了。之后可以重新再编。需要注意的是：如果打错的地方太多，粗暴地乱解一气的话，会把线弄坏的。

正面和反面

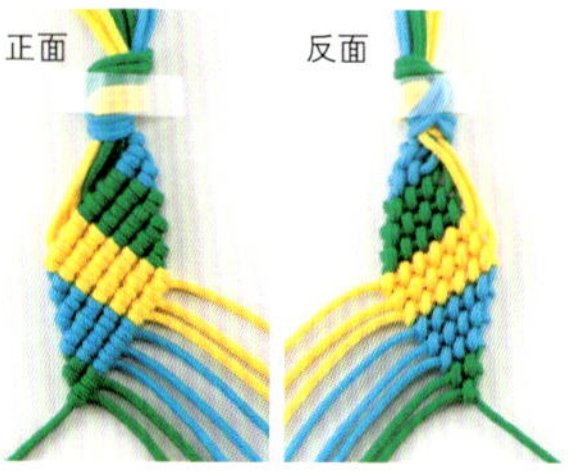

怎么分正反面？正确的答案是随意而选。把打结面当作反面的话，看起来很有立体感。所以可以根据作品的感觉和自己的喜欢来随意选择。不过，请注意：如果是文字和图画的时候就只能用正面了。

步骤 5

手链两端编成三股辫

在手链尾端，把线整理汇总（参照P.5）编成三股辫。线头编单结。

※首结和尾结参照P.5，依自己的爱好而定。

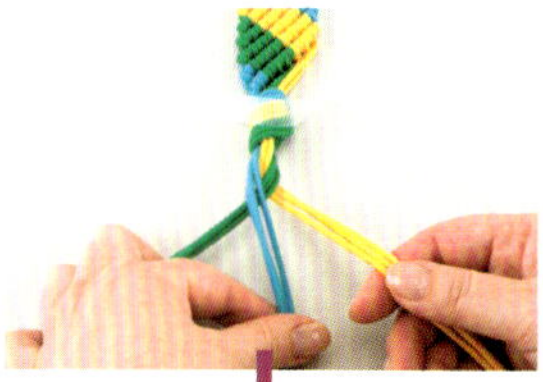

步骤 6

完成

把线头剪齐。根据需要处理剩余的线头（参照P.7）。

事先请记住　编织手链的基础知识

已经整理好了在制作过程中常用的术语和手法。基本的制作图也要预备好！事先记住这些，有助于快速进行制作。

★做法图解

本书中所介绍的刺绣线手链基本上都是以“卷结”的手法完成的。编结方法见图示：结扣用圆圈标志，编结过程用线条表示。如果掌握了这些，照着图例编结是没有问题的，甚至可以有创新。

卷结

斜卷结（P.6）

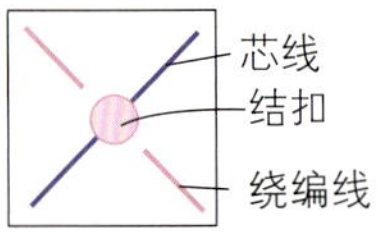

*圆圈表示结扣。
*使用绕编线编结，因此结扣与绕编线的颜色相同。
*绕编线使用圆圈断开的线表示，芯线使用圆圈连接在一起的线表示。

横卷结（P.7）

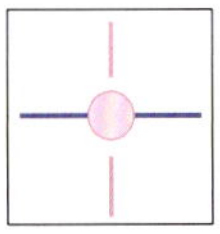

竖卷结（P.6）

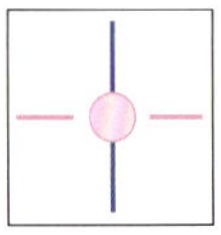

做法图例

①手链编结完成的尺寸和花样数量，三股辫的长度
②刺绣线颜色的搭配
③重复花样的范围
④空白处是省略图。按照指定的数量重复编织一种花样

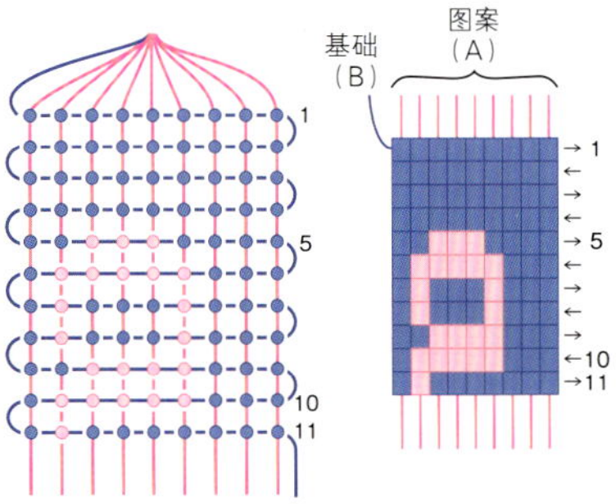

这些都是同一个作品的制作图解。编织图案的科芬特里编结法，线的排列是固定的，结扣是横卷结和竖卷结交会处，用方格表示。

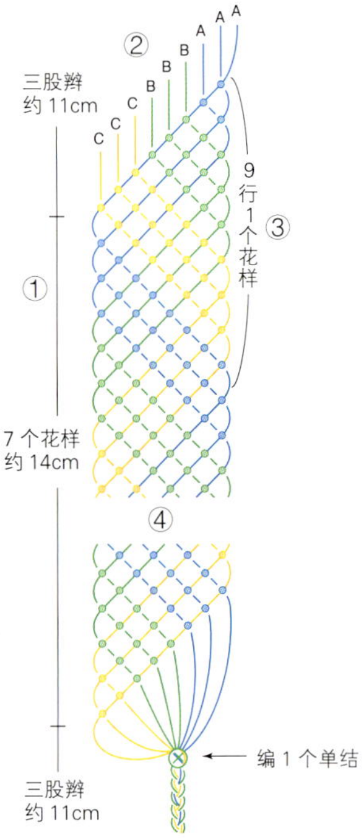

★首结和尾结

从大的方面来分，结法有两种：把手链两端编成三股辫，把首结处编成环。编完之后，尾结处或做成三股辫，或者缀上珠子、金属饰品等，要和首结处搭配合适。

※也有在细手链的首结和尾结处编成三股辫而不编成结扣的方法。请根据自己的喜好选择使用这些方法。

首结　1.两端都编成三股辫的编法

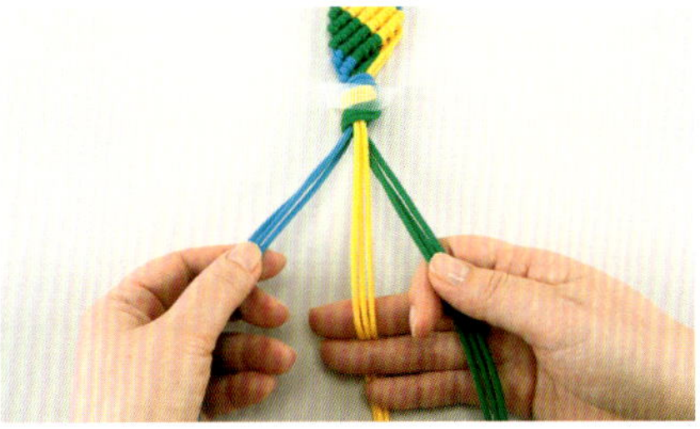

1　刺绣线按照所需长度截好，在距离线头15cm处（三股辫长度的1.5倍）编单结，用胶带把结固定在桌上。刺绣线分为3等份。

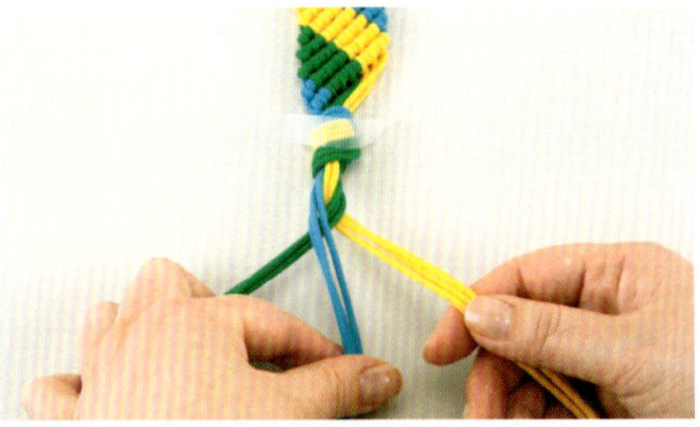

2　左侧的线压在中间。

3　右侧的线压在中间。

4　左右交替重复编织大约8cm三股辫。

5　把线汇成一束，编固定单结，剪线，留1.5cm左右的线头。

2.首结处用三股辫做成环形的方法

※因为是把线对折起来的，所以与方法1比起来，线要是其两倍长，根数只需一半。

1

在线的中间位置用胶带固定，编1.5～2cm长的三股辫。

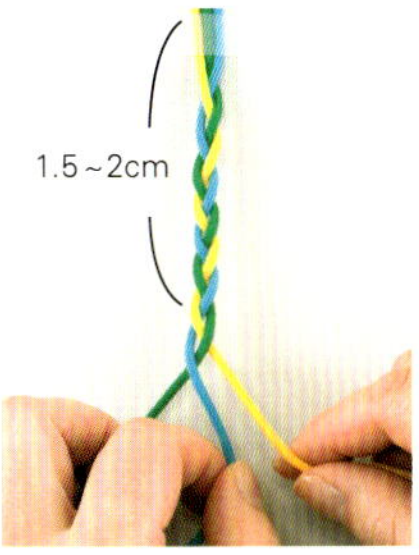

2 取下胶带，把三股辫部分对折。

3 如图所示，在三股辫的根部编单结，拉紧。

尾结

1.编单结（编结扣把线集中起来）

把线束挽成圆圈，线从圆圈中穿过来，拉紧。

2.编小小的结扣以固定

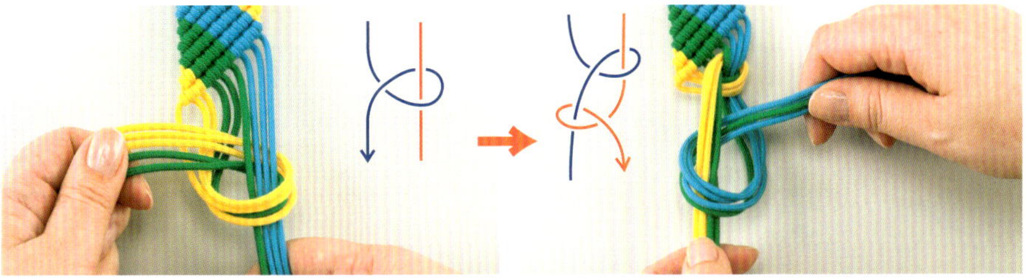

1 把线分成2束，如图所示，左右各编1个单结。

2 拉出一根线，绕线束一圈，拉紧。

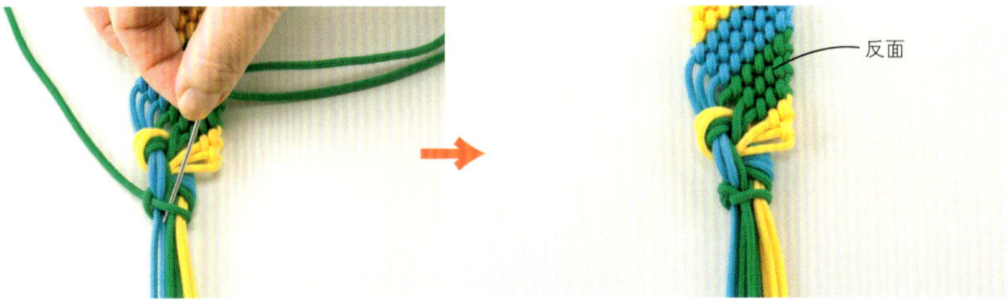

3 绕编线从里面穿过来，固定好不要松动。
※首结处，解开最初的假结，同样的编法。

线头的处理

1.
1根
三股辫

把线分成三部分编成三股辫后，在末尾处编单结（参照P.3）。

2.
2根
三股辫

把线分成2份，每份线都编成三股辫，在末尾处编单结。

3.把线扭成股编单结（适合麻线手链）

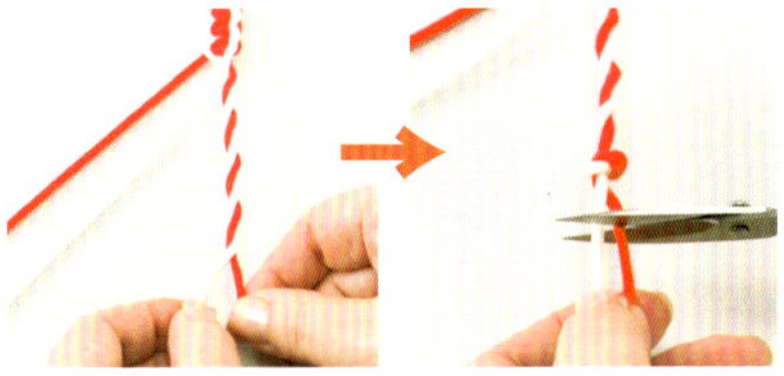

把线分成2份，每份线都1根1根用力搓，2根线合起，反方向合线，在尾端编单结。

4.尾端缀上金属饰物（适合麻线手链）

把线分成2份，每份都穿过金属饰物的孔，之后汇集编单结。线头剪掉或编三股辫，请随各自喜好。

各种结法

基本的"卷结"里面包括斜卷结、竖卷结和横卷结三种。根据芯线的走向不同，绕编线的方向会有所改变，这点请注意。掌握了诀窍，就能快速地编喽！

★斜卷结

芯线向左倾斜的情况

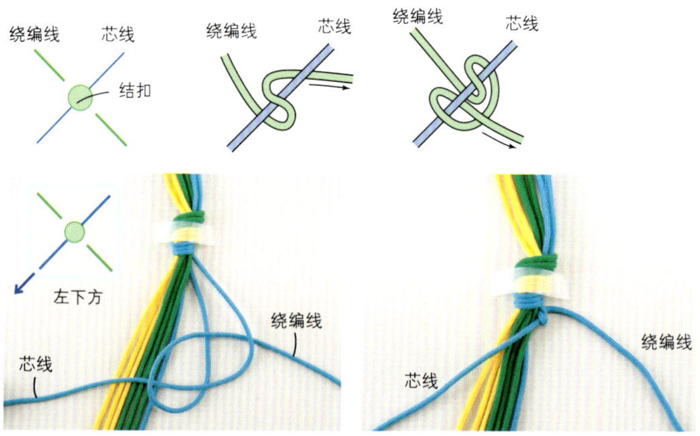

芯线向右倾斜的情况

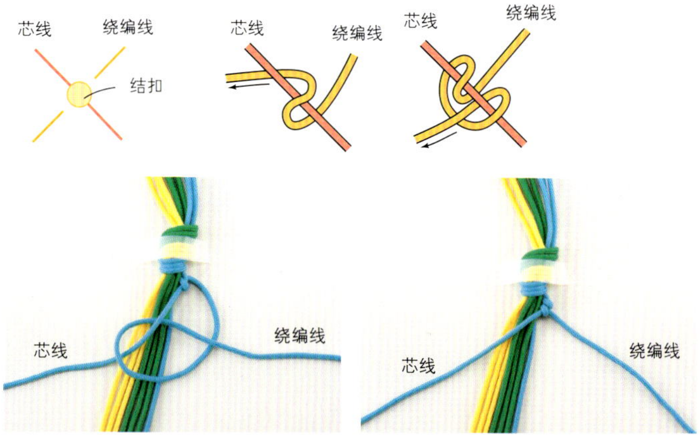

※芯线向左下（右下）的方向拉伸，缠绕编线。

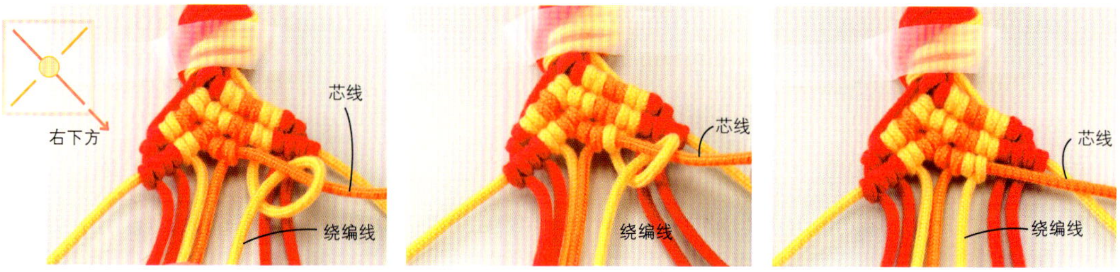

★竖卷结

绕编线自左向右时

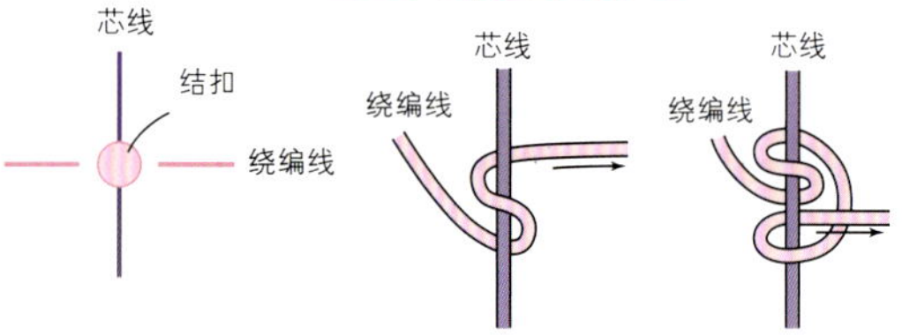

※芯线向下方拉伸，缠绕编线。

绕编线自右向左时

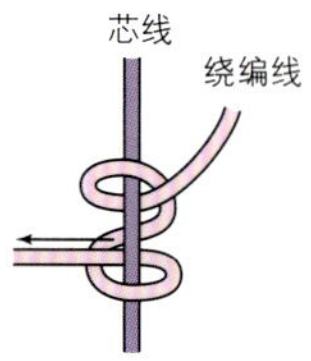

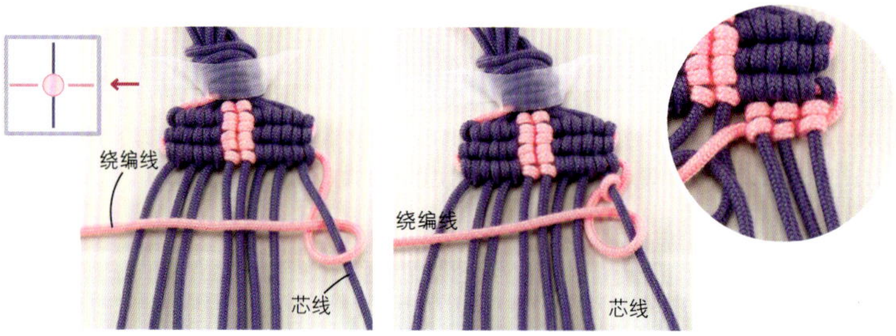

★横卷结

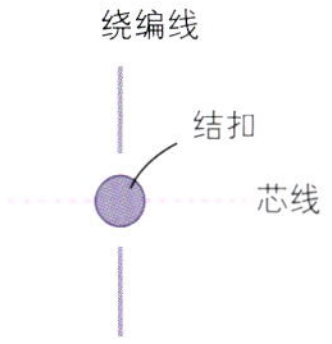

芯线自左向右时

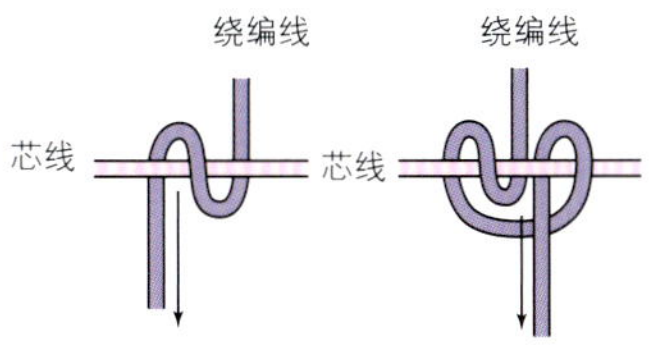

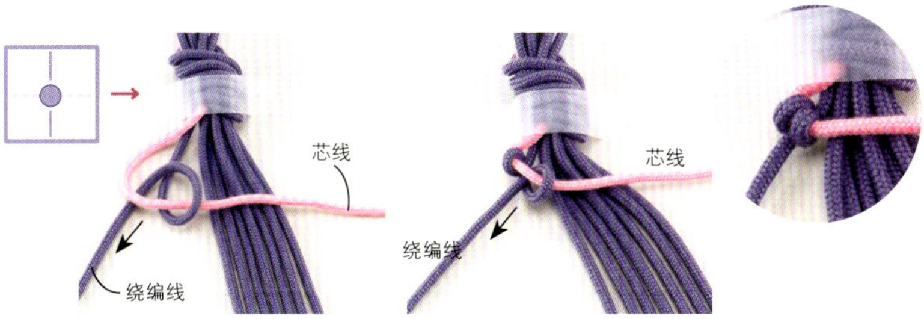

※在芯线向右（向左）的方向处，用一个别针固定，再使用绕编线在其上面编结。

芯线自右向左时

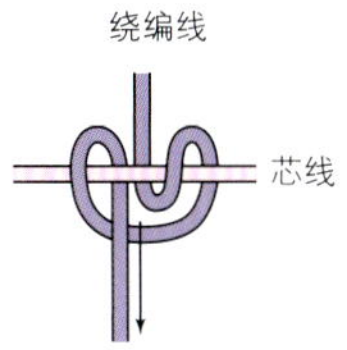

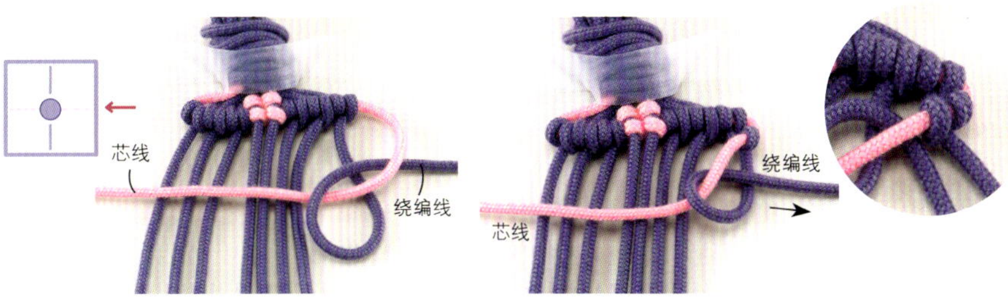

POINT!!

编织图案时点缀花色的要点

♥绕编线的续接方法

停用原来的线，换用新线。在改变线的颜色以及重新使用原来的线时，使用这种方法。不用剪断线，拉到后面就行了。

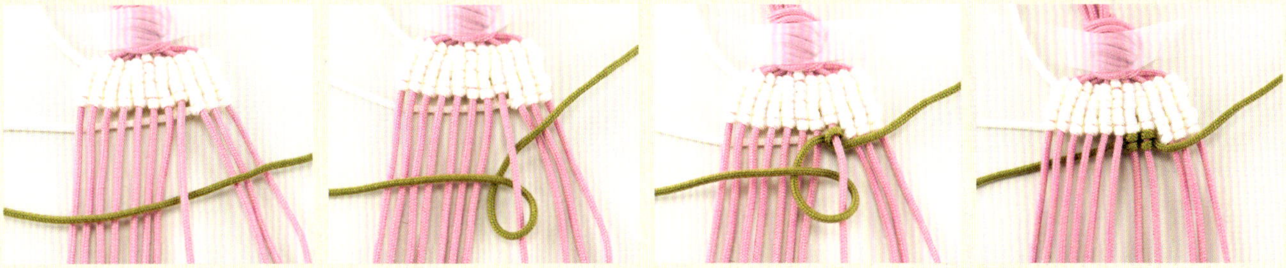

♥线头的处理方法

线头穿入针孔，挑起同色的结扣，把线头从结扣中穿过去，不要影响整个结面，剪断。

图案与文字的编结方法

可爱的图案和文字的编结方法有两种：竖卷结描述的方法和科芬特里编结法。了解每种方法的特征，可以根据想做的手链随意选择哦。

★竖卷结法制作图案

底部和图案引入配色线，都用竖卷结来编织。与科芬特里编结法制作的图案相比，虽然可以自由地引入配色线，但是需要把不用的线拉到后面，处理剩余的线头。因为用横向引入的线来继续编竖卷结，所以竖线常作为芯线，不露在外面。根据两端三股辫用什么颜色来选择竖线。

因为只有竖卷结，所以手链的结扣排列得漂亮整齐，像印花一样。结的背面有不用的线和后来引入的线，最后需要处理线头。

制作图

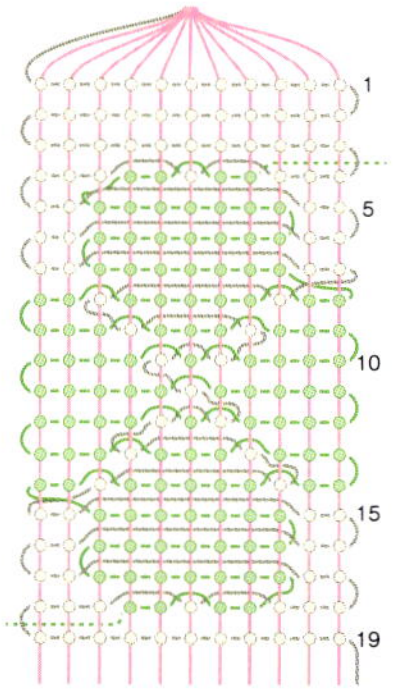

方格图案

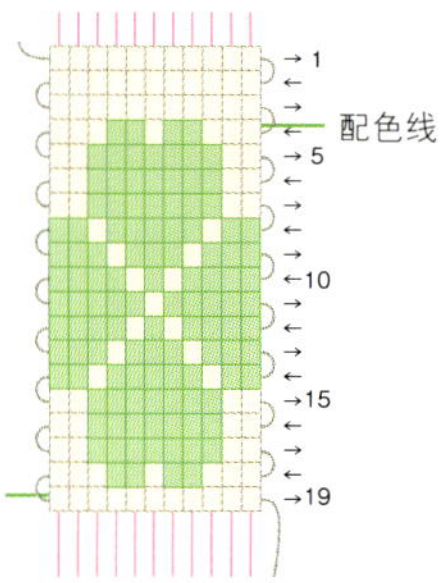

设计图用方格表示。用横卷结制作图案的手链，按照设计图引入配色线，图案部分用竖卷结编。

※为便于理解，图片中使用了与作品不同颜色的线。

1 用底线编至图案颜色改变（图片中用白色线编至第4行第3格）的地方，顺着打结方向，引入图案中的配色线，编竖卷结。

2 用配色线编好2格竖卷结。将配色线拉入后面不用。

3 将底线从刚编的2格竖卷结的后方渡过，编1格竖卷结。

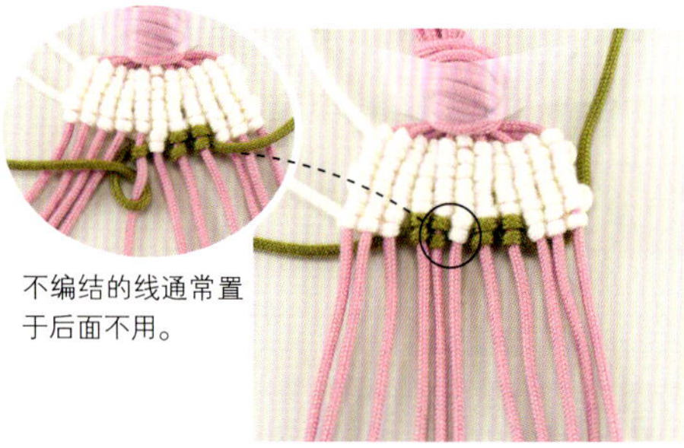

4 继续用配色线编2格竖卷结，用底线编3格竖卷结。第4行就编完了。

5 第5行从设计图的左边向右进行。同样，按照设计图一边更改配色线一边进行。编完第10行。

6 不用的配色线在后面进行处理（参照P.7），或者随芯线一起再继续编几行，边编织边处理线。继续编织的情况下，把线置于后面继续向下进行。

★用科芬特里编结法制作图案

用竖卷结和横卷结的组合来编织图案时的手法是以横向走向的线（竖卷结）为底，纵向排列的线（横卷结）来制作图案，就能做出如设计图一样的图案。

正面

反面

底部用竖卷结，a这个字母是横卷结（出现B线的颜色时用竖卷结，出现A线时用横卷结。）

制作图

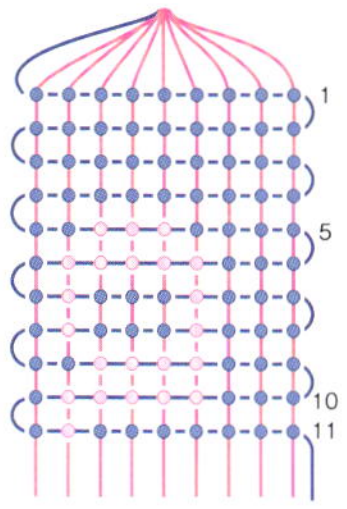

方格图案的设计图

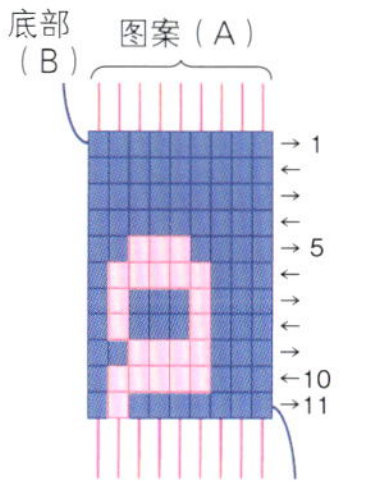

设计图用方格表示。科芬特里编结法的线的排列很规则，通过图案的颜色就可以知道是竖卷结还是横卷结。

※为便于理解，图片中使用了与作品不同颜色的线。

1 竖线一根一根编成竖卷结。至第5行的第2格。

2 以绕编的底线为芯线，将图案线换为绕编线，编横卷结。

3 用图案线一格一格编结，编好3格结。

4 换线，用底线继续编。

5 用底线编4格。第5行就编好了。

6 编至11行为止，a这个字母就编好了。

用刺绣线编手链

在1～7课中挑战制作基本图案。可以通过手链来象征季节的颜色或生日花，所以结合着比赛和生日制作的话很有意思！其他还有串珠的、刺绣风的、图案上有祝福语的、带有字母图样的等，丰富多样。

春→ 夏→ 秋→ 冬→

第1课

斜纹图案

开始的第一步，从斜纹图案开始。虽然样子简单，但若将不同的颜色和大小组合在一起，会给人耳目一新的感觉。

设计　登内秀子
色彩　坂内里嘉子

做法 → P.12

8月 向日葵

3月 郁金香

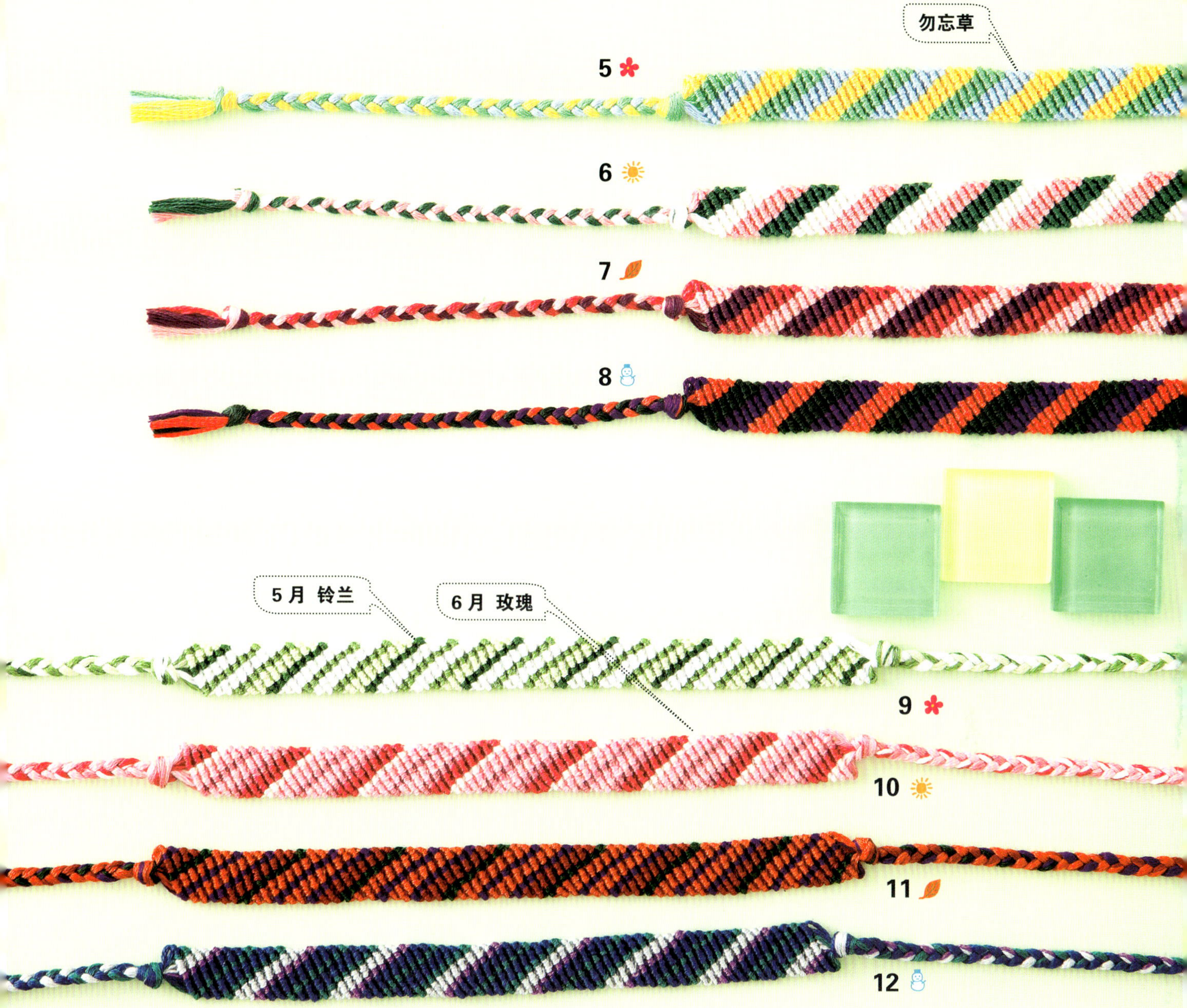
勿忘草
5
6
7
8
5月 铃兰
6月 玫瑰
9
10
11
12

制作方法

1 ~ 12 P.10、11

材料▶DMC刺绣线
成品尺寸▶约36cm
制作要点▶以右边的线为芯线，编织斜卷结。首结和尾结处(参照P.5)编成三股辫。

1 A 橘红色（891）=110cm 6根
B 亮黄绿色（907）=110cm 3根

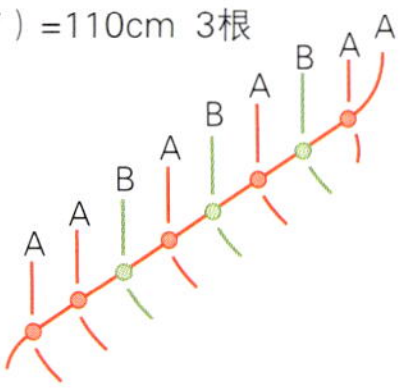

2 A 向日葵色（742）=110cm 6根
B 黑褐色（838）=110cm 3根

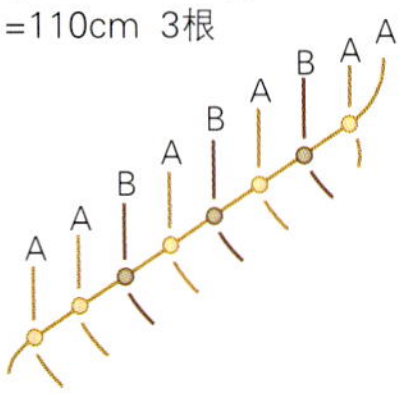

3 A 黄绿色（580）=110cm 6根
B 紫色（154）=110cm 3根

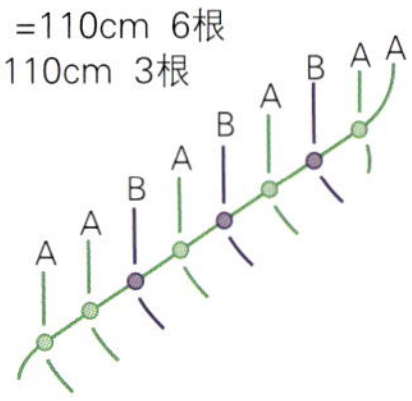

4 A 浅紫色（155）=110cm 6根
B 浅灰色（168）=110cm 3根

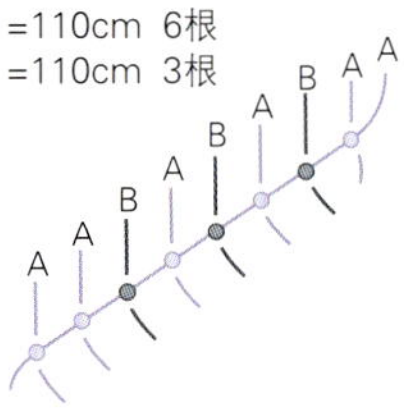

5 A 勿忘草色（826）=110cm 3根
B 嫩绿色（913）=110cm 3根
C 凤梨色（726）=110cm 3根

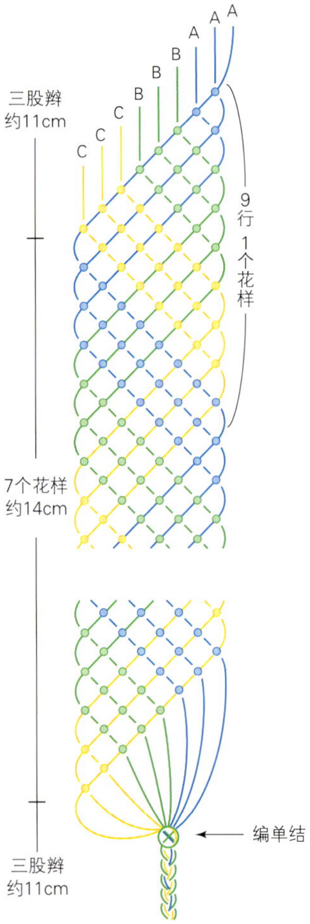

6 A 樱花粉色（3716）=110cm 3根
B 绿色（561）=110cm 3根
C 白色（BLANC）=110cm 3根

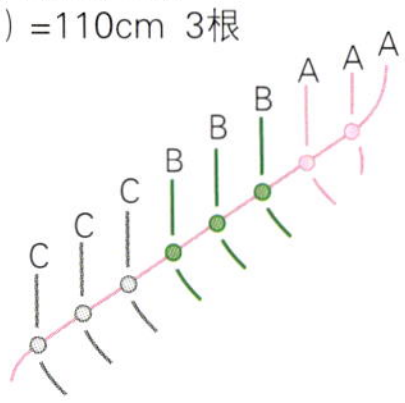

7 A 深粉色（3350）=110cm 3根
B 贝壳粉色（151）=110cm 3根
C 紫红色（3834）=110cm 3根

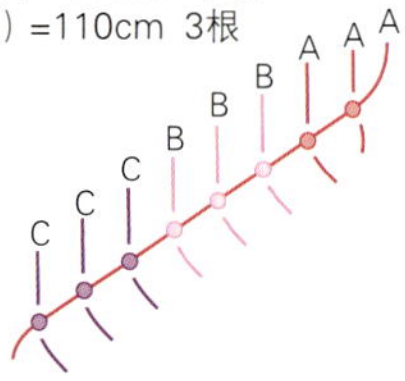

8 A 桔梗色（550）=110cm 3根
B 橘色（350）=110cm 3根
C 深绿色（500）=110cm 3根

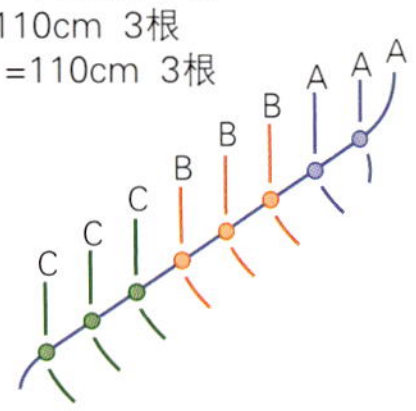

9 A 雪白色（B5200）=110cm 4根
B 黄绿色（988）=110cm 2根
C 浅黄绿色（772）=110cm 2根
D 浅绿色（986）=110cm 1根

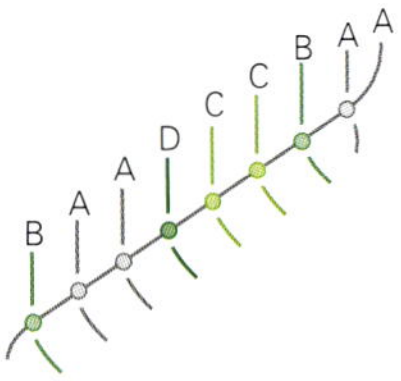

10 A 浅粉色（605）=110cm 4根
B 粉色（3688）=110cm 2根
C 深粉色（3350）=110cm 2根
D 白色（3865）=110cm 1根

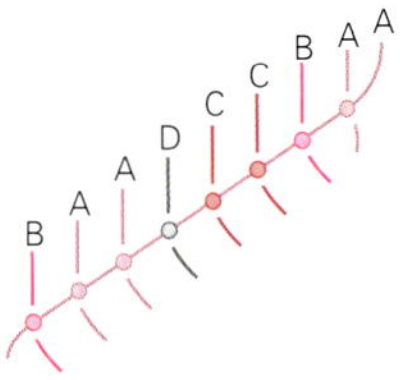

11 A 朱色（920）=110cm 4根
B 桔梗色（550）=110cm 2根
C 茶色（3777）=110cm 2根
D 葱绿色（890）=110cm 1根

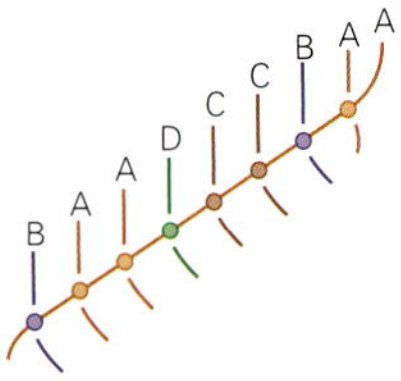

12 A 藏青色（803）=110cm 4根
B 翠绿色（3847）=110cm 2根
C 浅灰色（168）=110cm 2根
D 亮紫色（3837）=110cm 1根

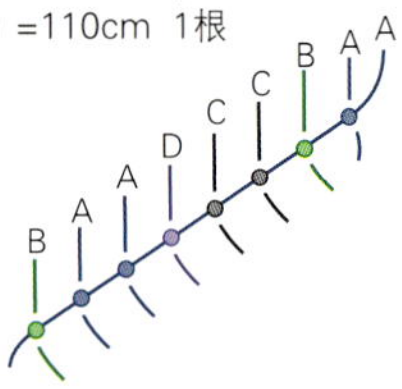

斜纹花样

最基本的手链花样。

首先我们来熟悉“斜卷结”。

※为了便于理解，图片中使用了与作品不同颜色的线。

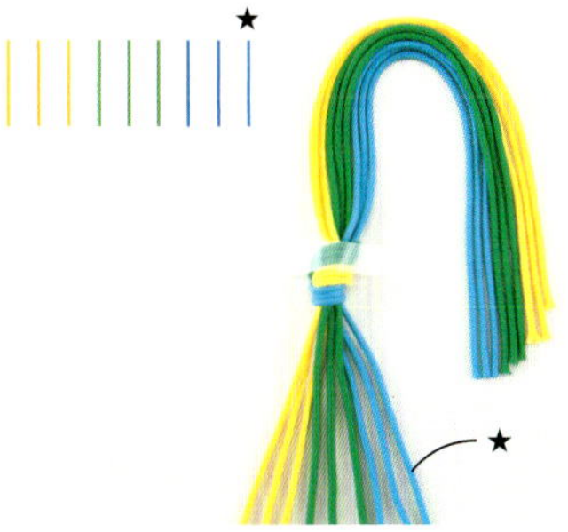

1 把线端留出三股辫长度的约1.5倍，编单结。绕编线按照颜色搭配的顺序排好。
※★是当作中心的线（以下称芯线）。从右边开始顺着依次编结。

2 左手拿芯线，右手拿绕编线。绕编线放在芯线的下面。

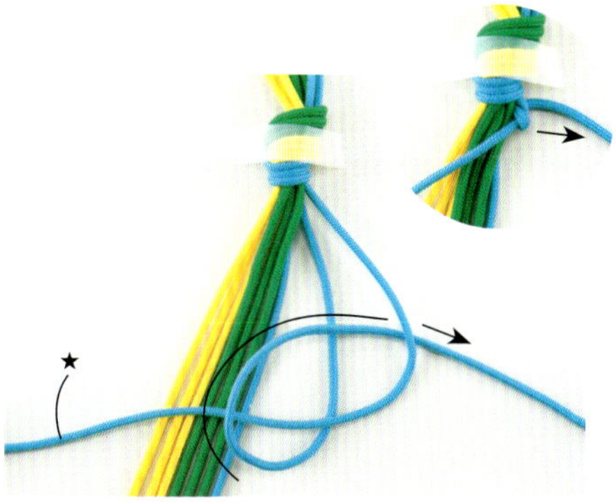

3 如箭头所示，将绕编线自下而上穿过芯线，拉紧。斜卷结就完成了一半。

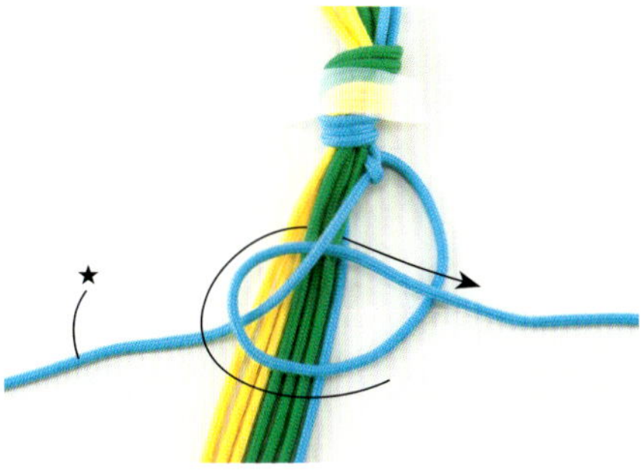

4 接着，如箭头所示，将绕编线自上而下穿过，拉紧。

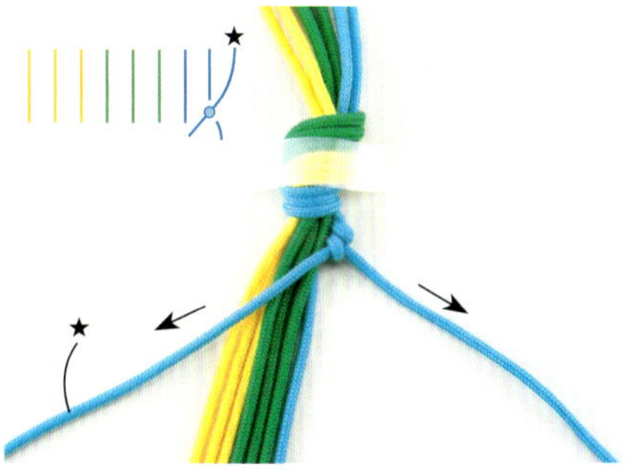

5 芯线向左，绕编线向右，适度用力拉紧。就完成了一个斜卷结。

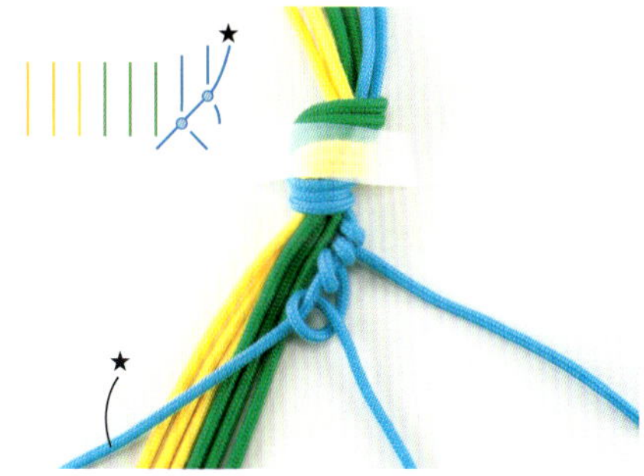

6 在芯线上编第2个结。

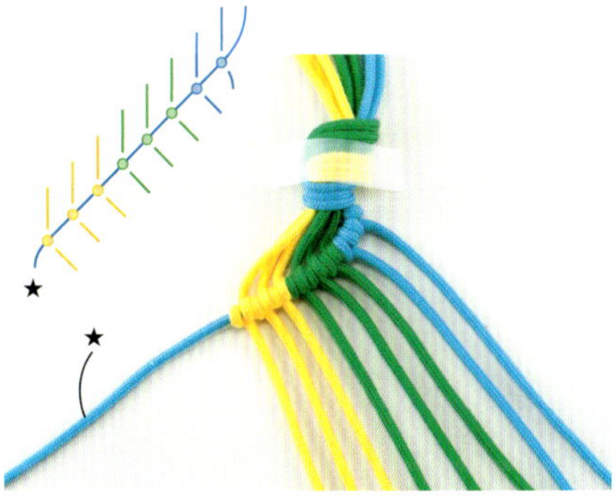

7 芯线依旧是★，从右边开始，变换绕编线继续编。第1行就完成了。

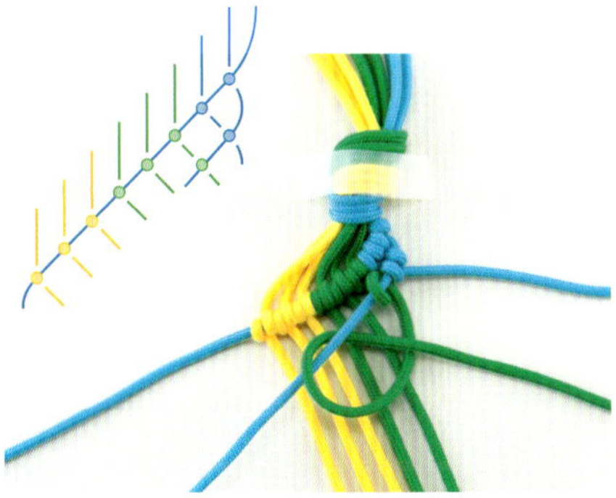

8 第2行也是以右边的线为芯线，斜卷结编法同步骤2～5。第2行以后和第1行编法一样。

★花样的正、反面

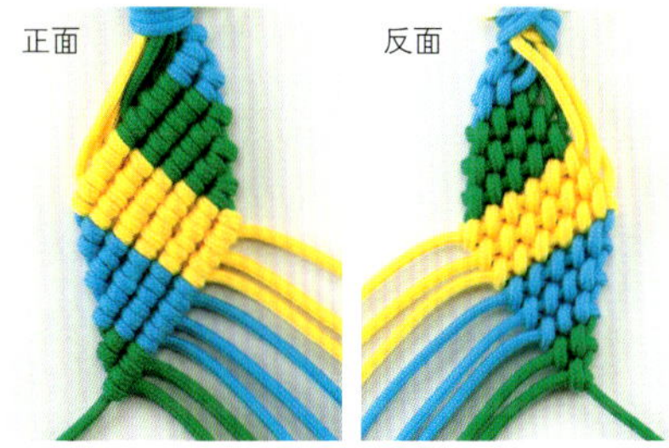

编至第6行。结面的正反面不同，但是以哪边为正面都可以。

第 2 课

V 形花样

开心的时候，情不自禁地做"V"形手势，连续编出"V"的手链。三色手链，是在两色手链上又添加了一种相宜的颜色。

设计　铃木久美
色彩　坂内里嘉子

做法 → **P.16**

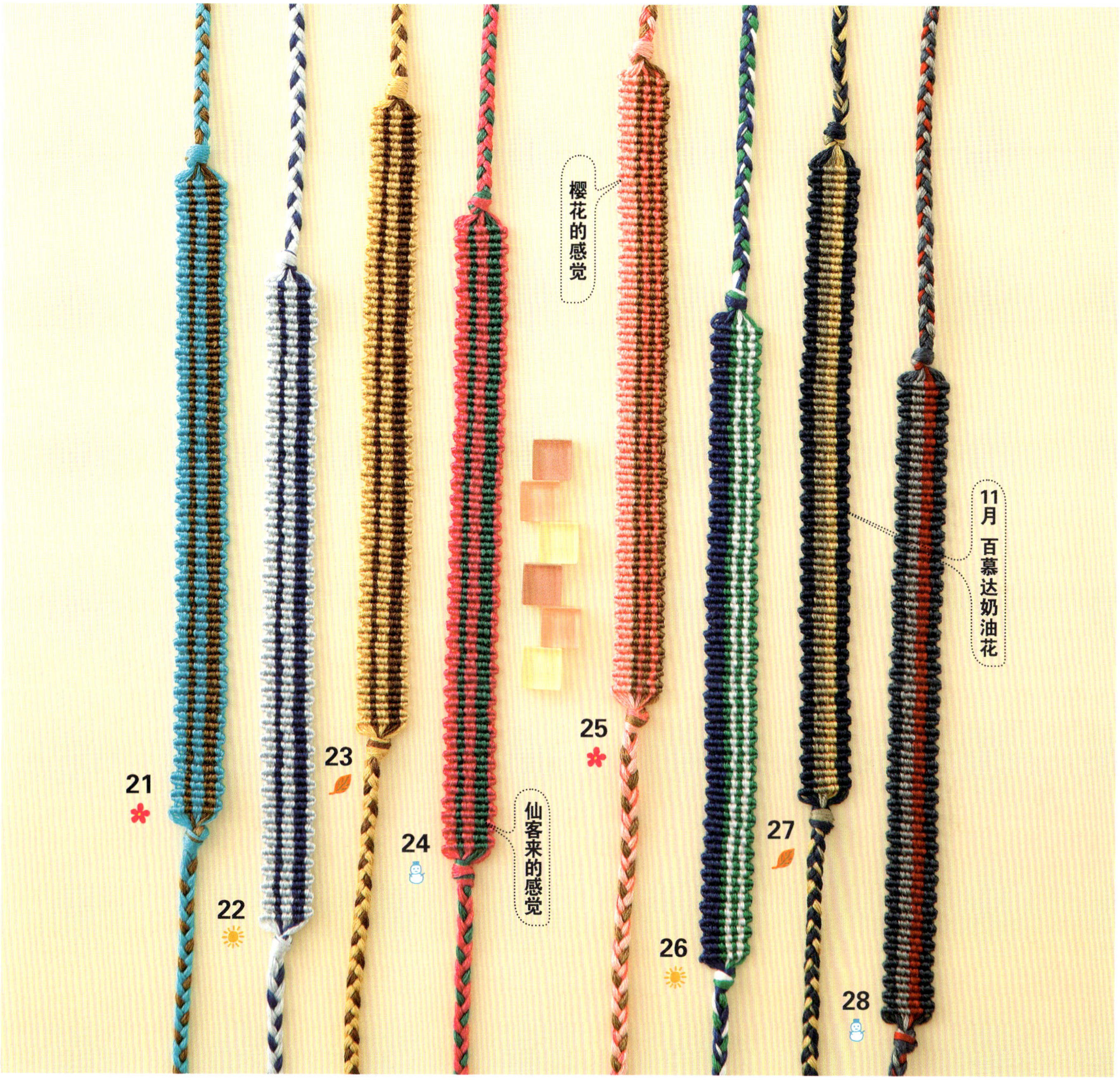

第 3 课

条纹花样

不要犹豫，勇往直前。不安的时候，在背后为我加油。按照刚开始排好的线顺序，编成条纹花样。

设计　登内秀子
色彩　坂内里嘉子

做法 → P.18

制作方法

13～20

P.14

材料▶DMC刺绣线
成品尺寸▶约32cm
制作要点▶基本上以斜卷结的结法，从中间开始向左右两边对称编结。首结和尾结处（参照P.5）编成三股辫。

13 { A 深橄榄色（520）=110cm 4根
B 浅橘粉色（3825）=110cm 6根 }

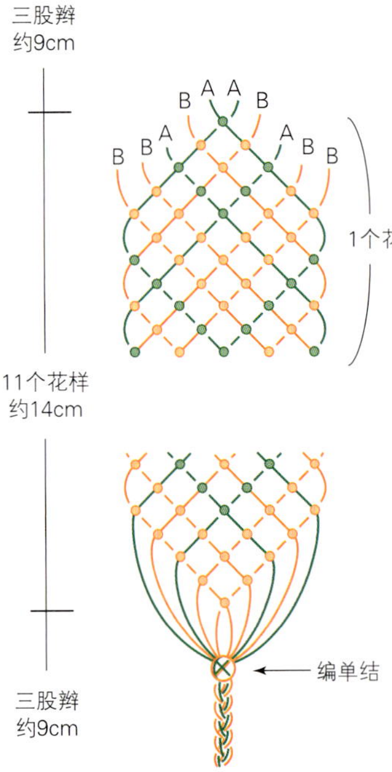

15 { A 翠绿色（911）=110cm 4根
B 白色（3865）=110cm 6根 }

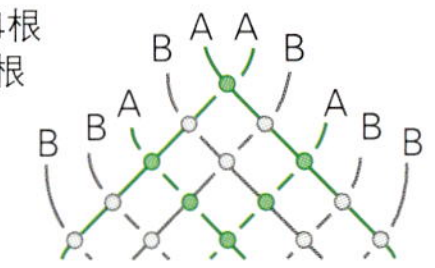

17 { A 蒲公英色（725）=110cm 4根
B 铁锈红色（347）=110cm 6根 }

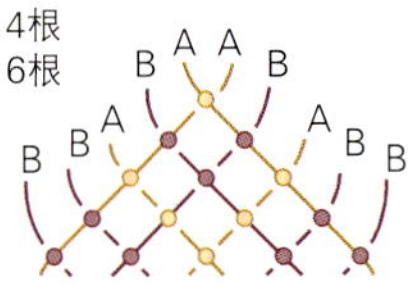

19 { A 亮灰色（318）=110cm 4根
B 亮黄色（973）=110cm 6根 }

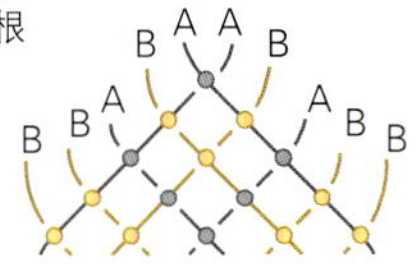

18 { A 蒲公英色（725）=110cm 4根
B 铁锈红色（347）=110cm 4根
C 橙色（721）=110cm 2根 }

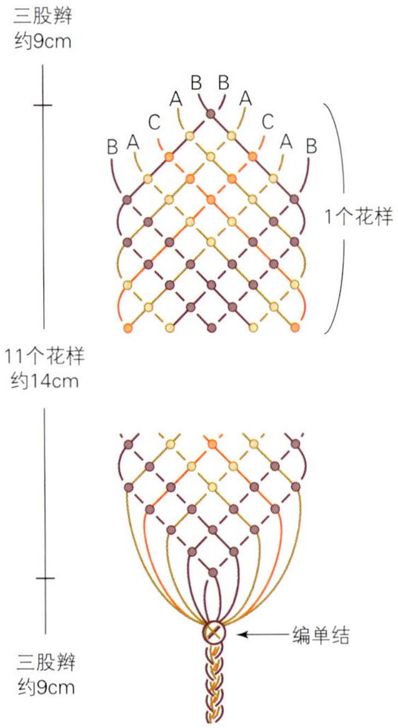

14 { A 深橄榄色（520）=110cm 4根
B 浅橘粉色（3825）=110cm 4根
C 薰衣草色（209）=110cm 2根 }

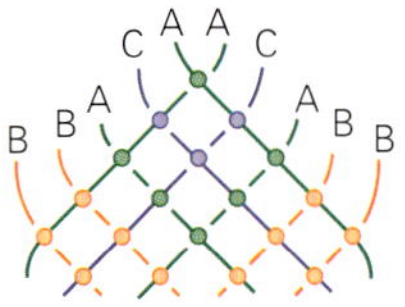

16 { A 翠绿色（911）=110cm 4根
B 白色（3865）=110cm 4根
C 紫藤花色（553）=110cm 2根 }

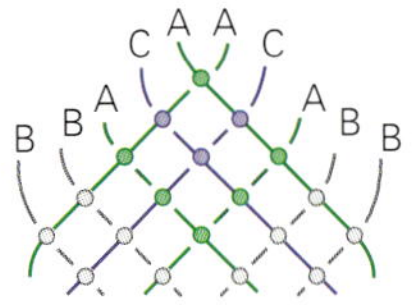

20 { A 亮灰色（318）=110cm 4根
B 亮黄色（973）=110cm 4根
C 深橄榄色（520）=110cm 2根 }

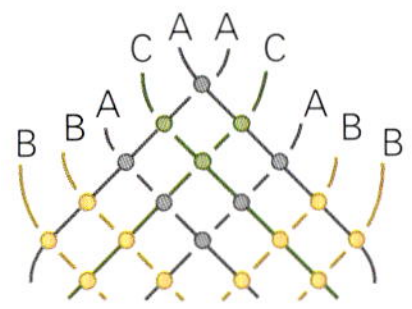

编结顺序（通用）

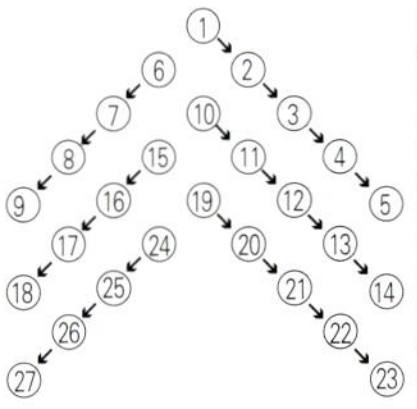

步骤

V 形花样

从中间2根开始编。

开始向左右两边对称编斜卷结。

※为便于理解，图片中使用了与作品不同颜色的线。结扣全部是斜卷结。

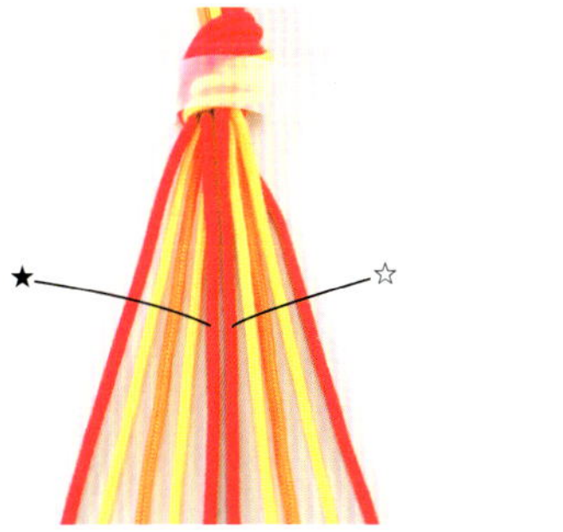

1 把线端留出三股辫长度的约1.5倍，编结。绕编线按照配色的顺序排列好。
※★是作为中心的线（以下称芯线），☆是绕编线。

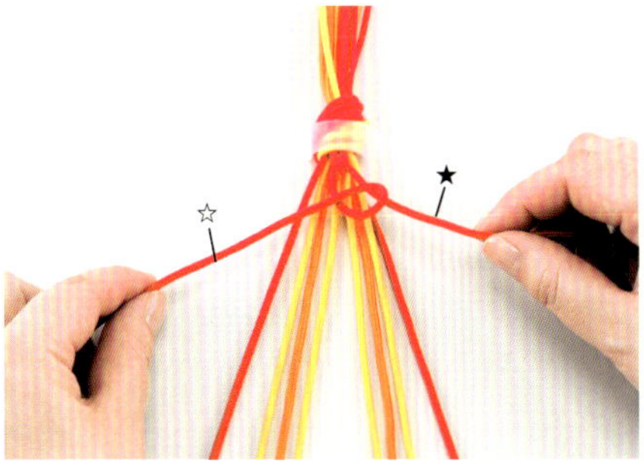

2 以★为芯线绕编☆线，编斜卷结。

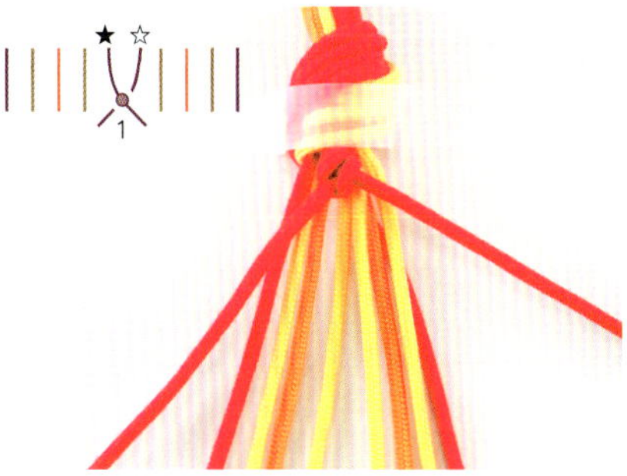

3 完成1个斜卷结。

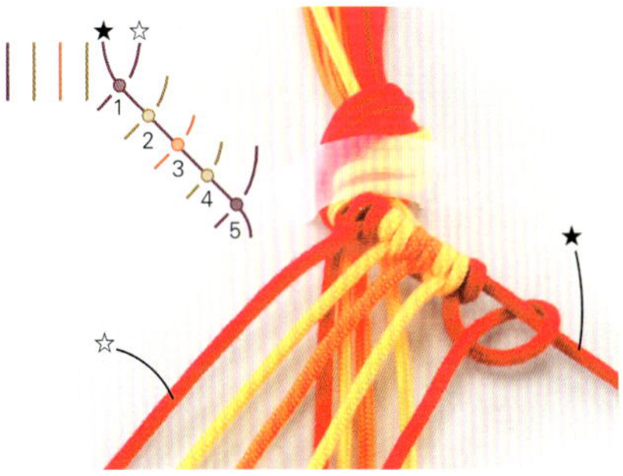

4 按照符号图示，以★为芯线，变换绕编线，编结。

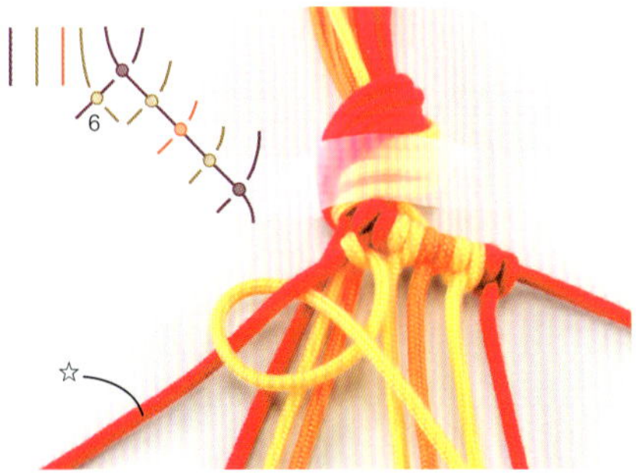

5 接着，以☆为芯线，编符号图中的第6个结。

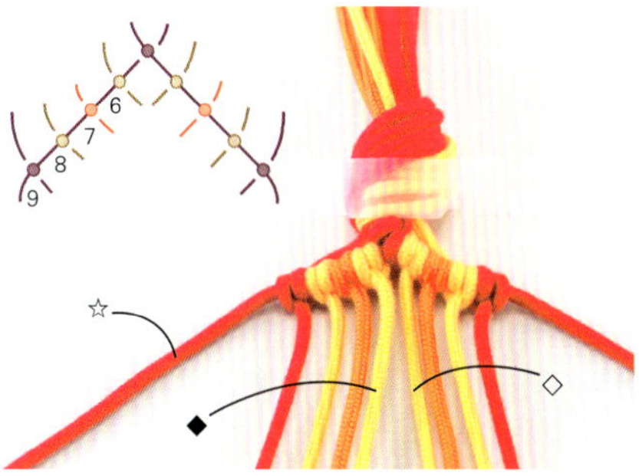

6 就这样，以☆为芯线，按照符号图中6～9的顺序，变换绕编线，编结。第1行就完成了。

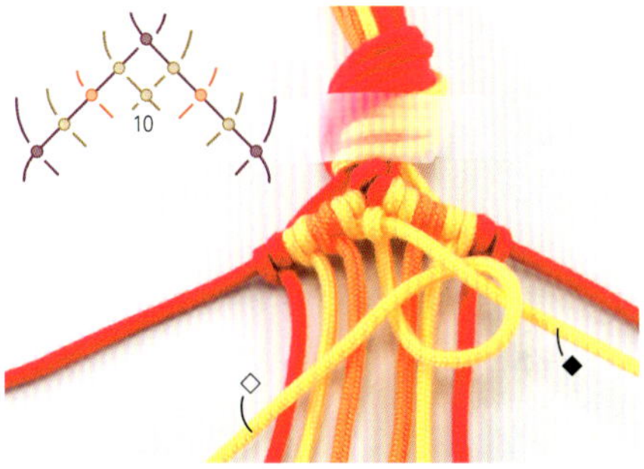

7 第2行，以中间的◆为芯线，以◇为绕编线，完成符号图中的10。

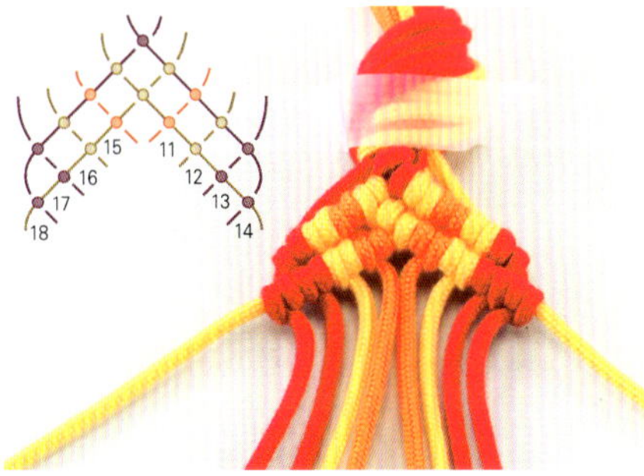

8 按照符号图中的11～14，15～18的顺序编结。第2行完成了。

★花样的正、反面

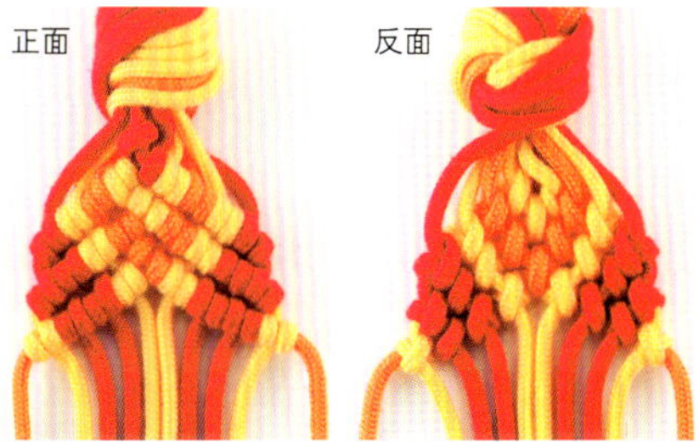

做到第3行。结面像山形，这就是V形花样。

制作方法

21 ~ 28

P.15

材料▶DMC刺绣线

完成尺寸▶约36cm

制作要点▶重复编织横卷结。首结和尾结处(参照P.5)编成三股辫。

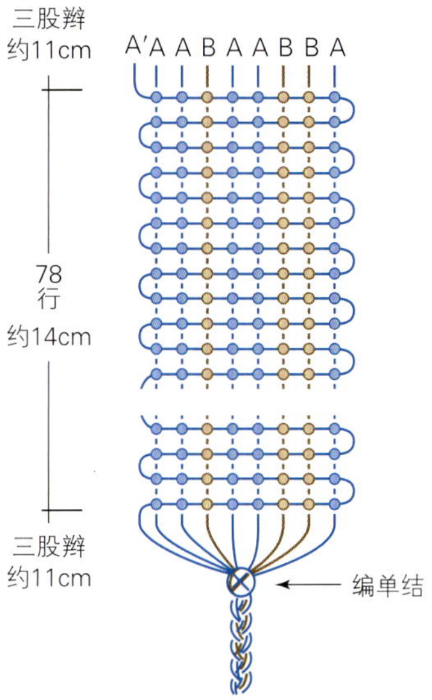

21 { A'、A 蓝色(3845) A'=145cm 1根，A=120cm 5根
B 可可色(610)=120cm 3根

22 { A'、A 蓝灰色(162) A'=145cm 1根，A=120cm 5根
B 亮藏青色(824)=120cm 3根

23 { A'、A 黄朽叶色(834) A'=145cm 1根，A=120cm 5根
B 深棕色(839)=120cm 3根

24 { A'、A 深粉色(3805) A'=145cm 1根，A=120cm 5根
B 苔绿色(991)=120cm 3根

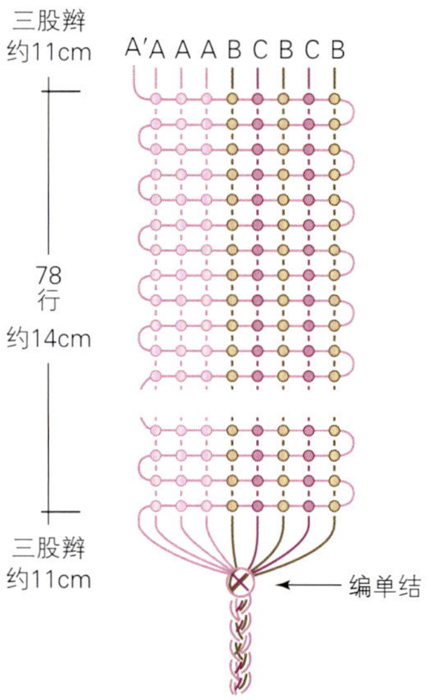

25 { A'、A 浅红色(761) A'=145cm 1根，A=120cm 3根
B 可可色(610)=120cm 3根
C 薄红色(893)=120cm 2根

26 { A'、A 亮藏青色(824) A'=145cm 1根，A=120cm 3根
B 钴绿色(3850)=120cm 3根
C 雪白色(B5200)=120cm 2根

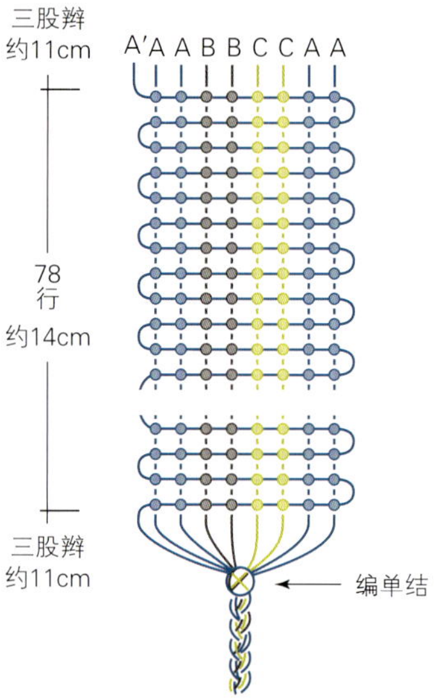

27 { A'、A 铁青色(3750) A'=145cm 1根，A=120cm 4根
B 灰绿色(3022)=120cm 2根
C 黄朽叶色(834)=120cm 2根

28 { A'、A 灰色(930) A'=145cm 1根，A=120cm 4根
B 杜松色(169)=120cm 2根
C 红褐色(304)=120cm 2根

制作方法

29～36

P.20

材料▶DMC刺绣线
成品尺寸▶约24cm
制作要点▶在起编处做成三股辫的环，编结。参照制作图重复编竖卷结和横卷结。尾结处分成两部分，分别编成三股辫。

29 { A′、A 苔绿色（991） A′=280cm 1根，A=180cm 1根 ■
B 浅绿色（955）=180cm 3根 □

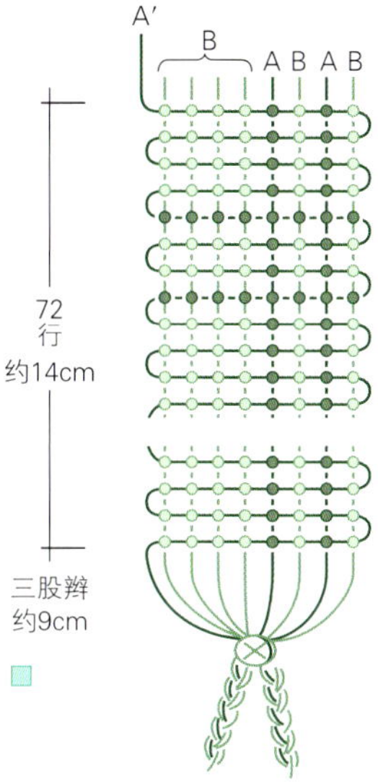

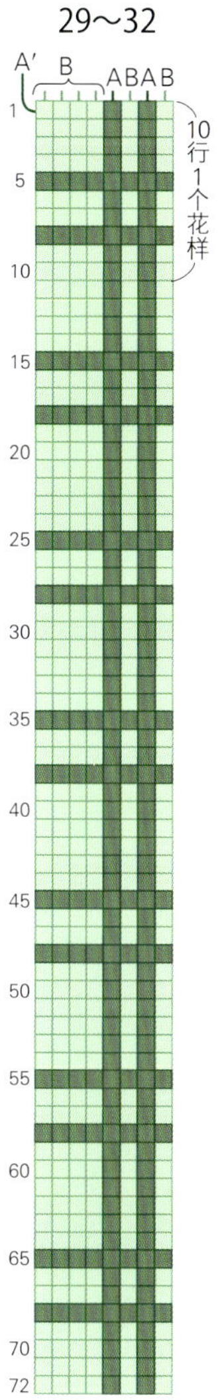

30 { A′、A 雪白色（B5200）
A′=280cm 1根，A=180cm 1根
B 天蓝色（3844）=180cm 3根

31 { A′、A 紫红色（3834）
A′=280cm 1根，A=180cm 1根
B 粉紫色（603）=180cm 3根

32 { A′、A 藤蓝色（3839）
A′=280cm 1根，A=180cm 1根
B 胡萝卜色（976）=180cm 3根

34 { A′、A 蓝绿色（3812） A′=400cm 1根，A=180cm 1根 □
B 雪白色（B5200）=180cm 2根 □
C 黄色（972）=180cm 1根 □

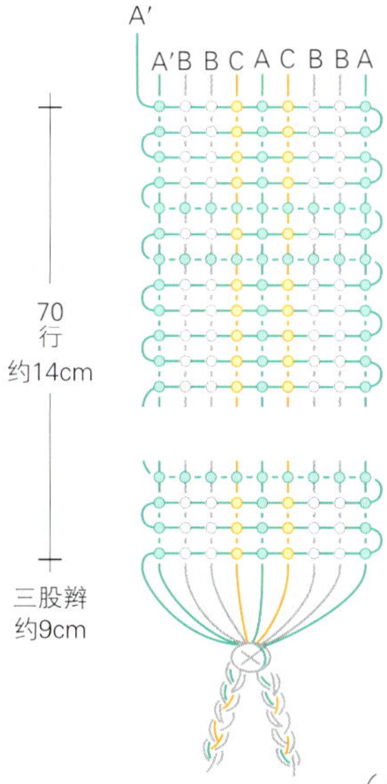

33～36

起头处的做法

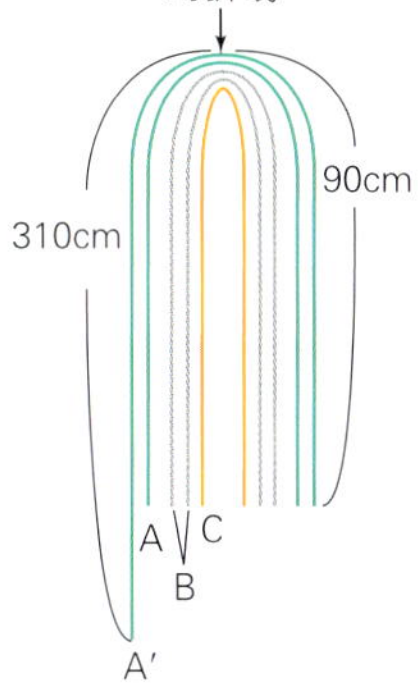

除A′之外的线在中间对折

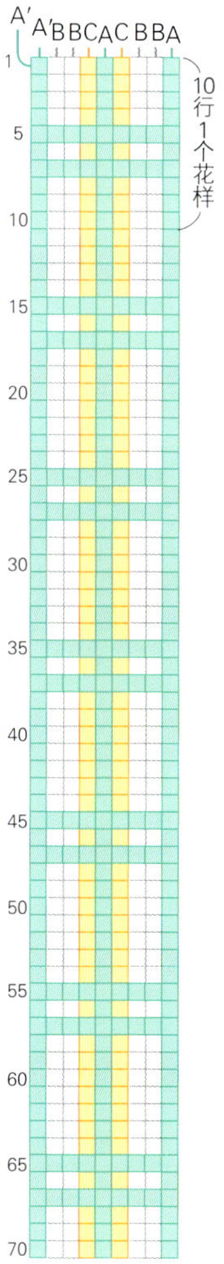

33 { A′、A 康乃馨色（223） A′=400cm 1根，A=180cm 1根
B 浅粉红色（225）=180cm 2根
C 绿灰色（931）=180cm 1根

35 { A′、A 深棕色（839） A′=400cm 1根，A=180cm 1根
B 小麦色（3864）=180cm 2根
C 灰绿色（3022）=180cm 1根

36 { A′、A 紫红色（3834） A′=400cm 1根，A=180cm 1根
B 灰绿色（646）=180cm 2根
C 鲜黄色（3821）=180cm 1根

第 4 课

方格花样

规则的方格花样色彩亮丽，格调沉稳，高雅大气。

用自己的幸运色制作很不错哦！

设计　井出智子

色彩　坂内里嘉子

做法 → P.19、21

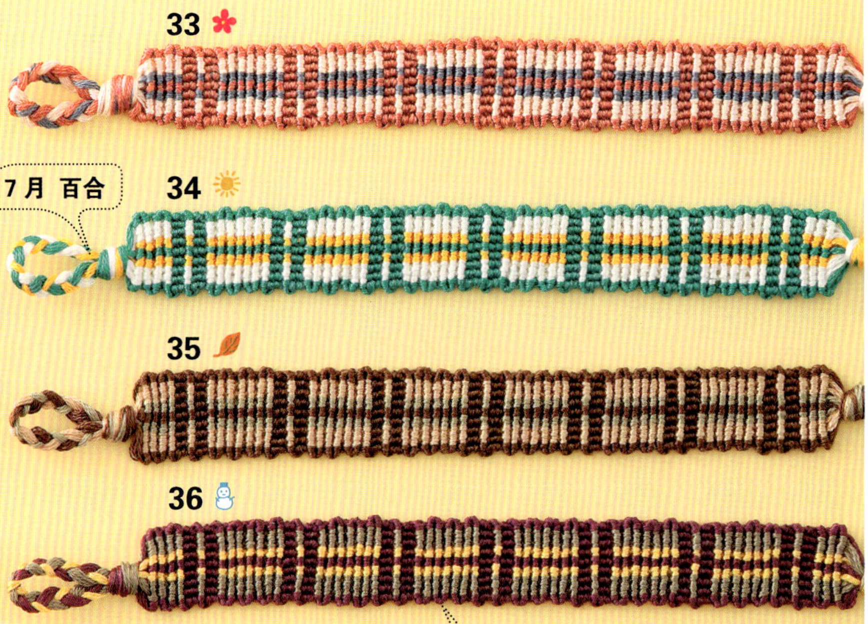

步骤

方格花样

横平竖直的线条用横卷结、竖卷结做成。熟练掌握这两种结法，就能够编出图案和文字啦！

※为便于理解，图片使用了与作品不同颜色的线。

★花样的正、反面

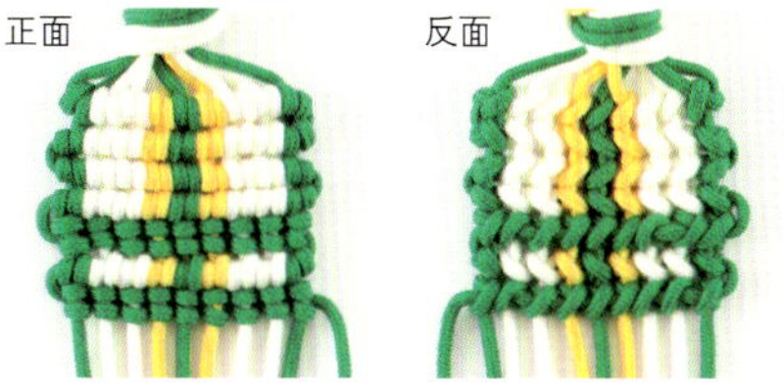

编法以横卷结为底。整齐地编出竖卷结，代表横条纹。

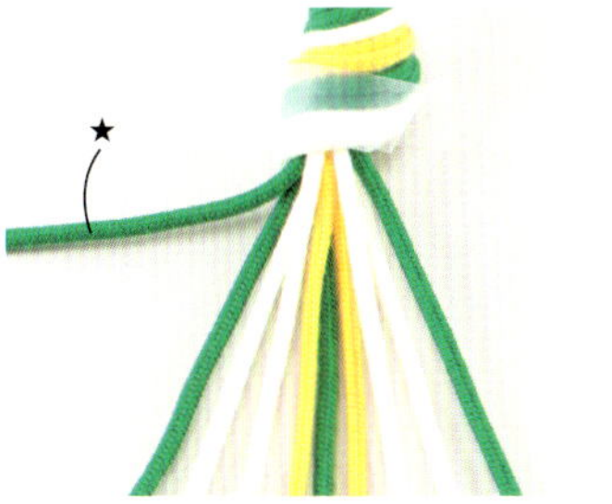

1 参照P.19把线对折，将起编处做成三股辫（参照P.5），编结。绕编线按照配色线的顺序排列好。
※★是当作中心的线（以下称芯线）。

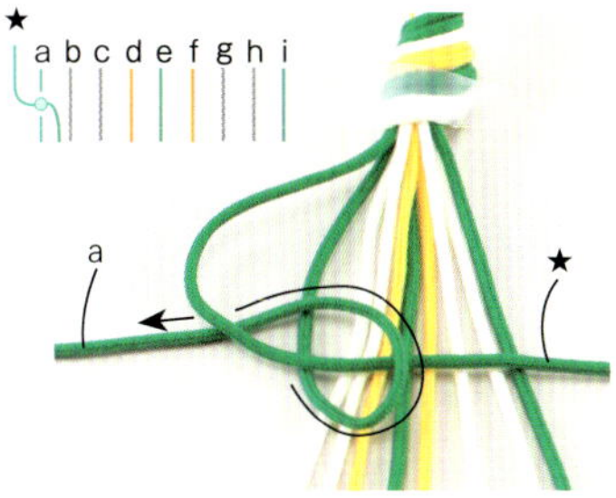

2 ★芯线置于上方，右手拿线，a线由下而上，如箭头所示绕过芯线，拉紧。

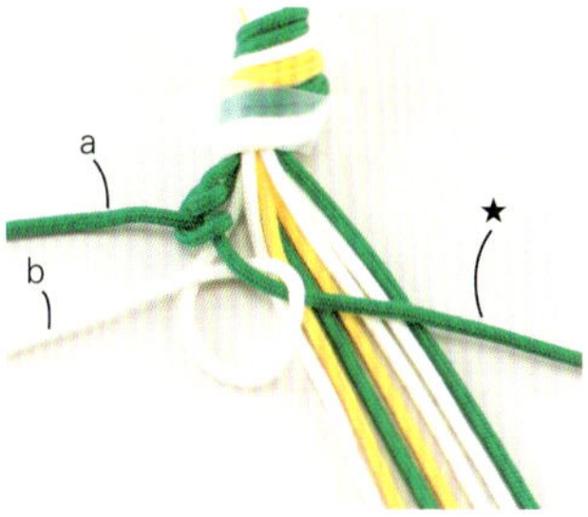

3 用a线同样再编结。完成了1个横卷结。接着，用b线同样编横卷结。

4 芯线不变，按照从a～i的顺序变换绕编线，各编1个横卷结。第1行就完成了。

5 第2行，芯线向左折回。i线从下往上，如图所示，绕过芯线，拉紧。

用i线同样再编结，完成了1个横卷结。

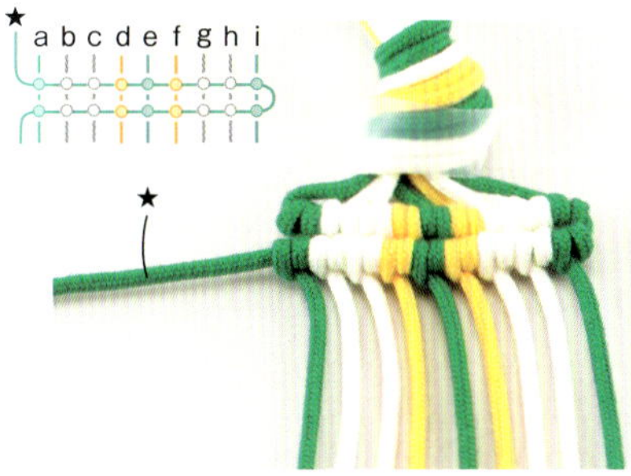

6 继续，按照i～a的顺序编横卷结。第2行就完成了。

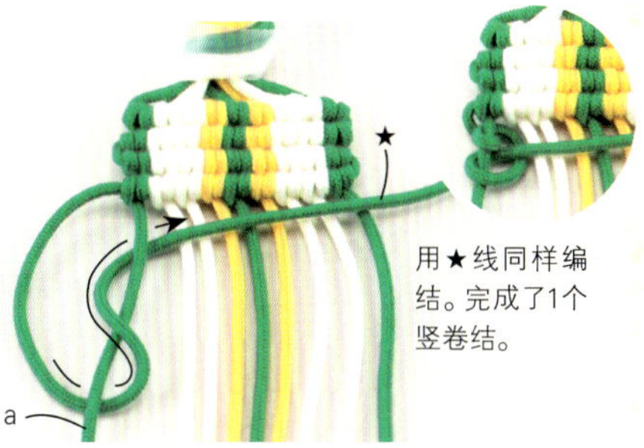

用★线同样编结。完成了1个竖卷结。

7 横卷结编至第4行。第5行★线替换为绕编线，如图所示，穿过a线，拉紧。

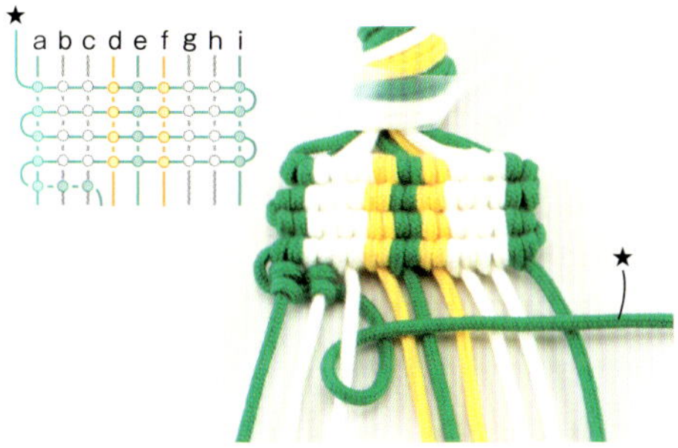

8 继续，a～i的线作为芯线，各编1个竖卷结。

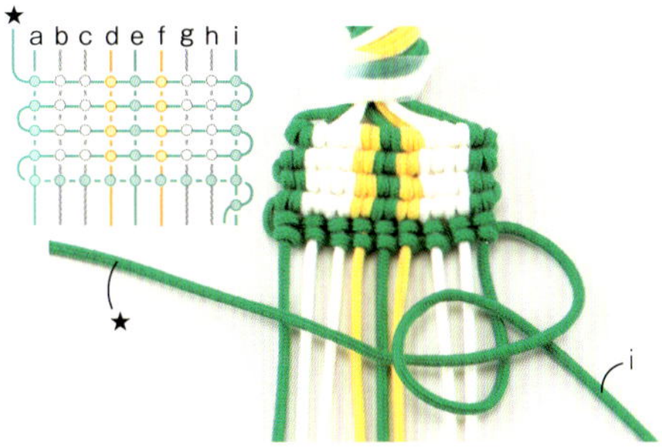

9 第6行，★线再次换回做芯线，用i线编横卷结。

10 第6行就做好了。第7行以后也是参照制作图，有规律地变换绕编线，做出横竖条纹。

第 5 课

心形花样

灵巧可爱的心形能守护爱情。戴在身上会觉得心情甜美舒畅。能够和他两心相悦吗?

设计　横山祥子

色彩　坂内里嘉子

做法 → P.23

第 6 课

方块花样

有深刻印象的方块花样，胜利的象征。给人的感觉：如在赛车的终点，挥动的方格彩旗。手链用鲜亮的颜色调配。

设计　井出智子

色彩　坂内里嘉子

做法 → P.23

制作方法

37 ～ 40 P.22

材料▶DMC刺绣线
成品尺寸▶约38cm
做法要点▶基本方法是从外侧向中心编。不过需要注意：结扣6、9、13、16（参照P.24步骤）是边线作为芯线。几何图案，编的顺序没有规定，所以请采用容易做的顺序编。首结和尾结处（参照P.5）编成三股辫。
※ 步骤参照P.24。

40 A 翠绿色（3847）= 110cm 4根
B 红色（666）=110cm 4根

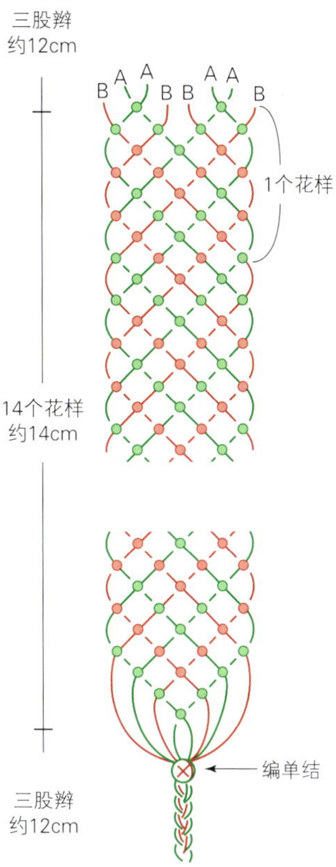

37 A 雪白色（B5200）= 110cm 4根
B 亮橘色（608）=110cm 4根

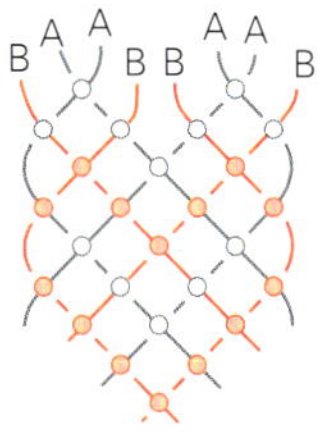

38 A 松柏绿色（895）= 110cm 4根
B 郁金香色（728）=110cm 4根

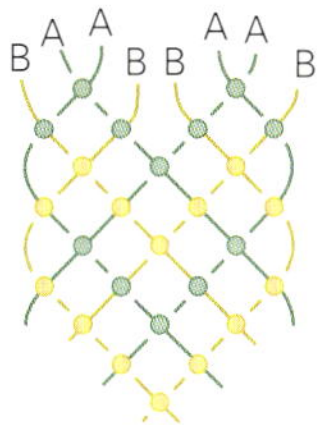

39 A 浅紫色（155）= 110cm 4根
B 深紫色（333）=110cm 4根

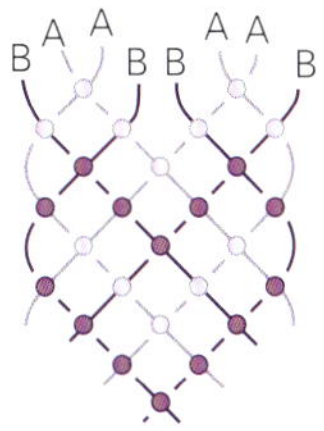

制作方法

41 ～ 44 P.22

材料▶DMC刺绣线
成品尺寸▶约25cm
做法要点▶首结处做成三股辫的环（参考P.5），开始编。1行里面编3个横卷结，2个竖卷结，再接着编3个横卷结。每3行交替改变横、竖卷结。尾结处（参考P.5）分成2份，各自编成三股辫。
※ 步骤参照P.25。

41 A 桃红色（602）= 400cm 1根
B 深紫色（333）=140cm 4根

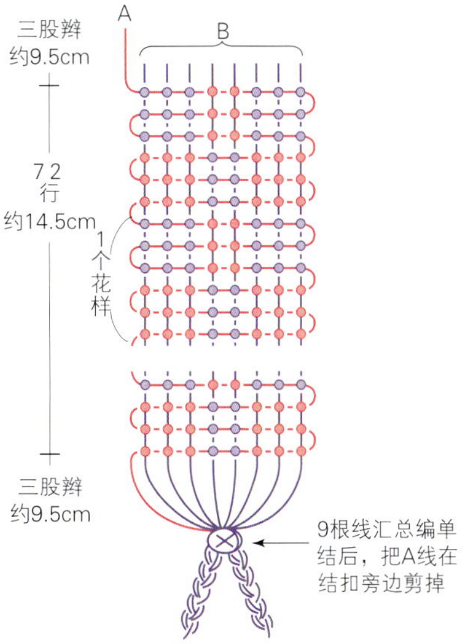

41～44
开始编织的方法

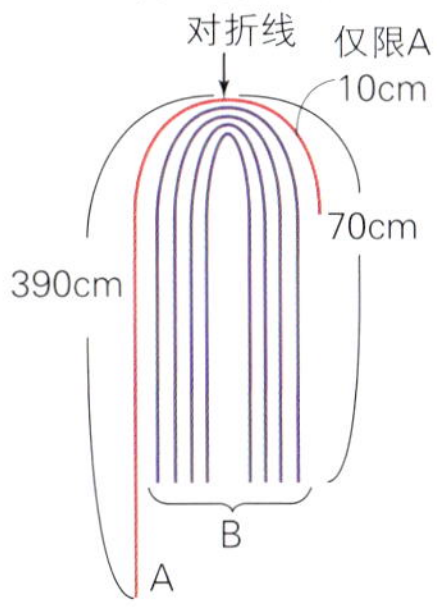

42 A 白色（3865）= 400cm 1根
B 柠檬色（307）=140cm 4根

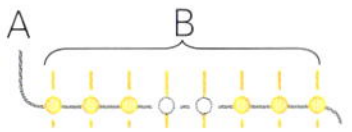

43 A 暗灰色（413）= 400cm 1根
B 桃红色（602）=140cm 4根

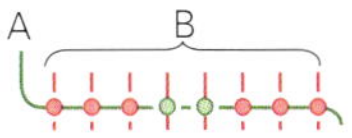

44 A 芥末黄色（3852）= 400cm 1根
B 暗灰色（413）=140cm 4根

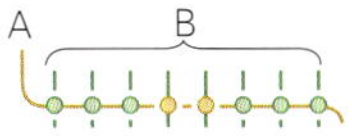

步骤

心形花样

灵巧可爱的心形花样全部由“斜卷结”来制作。清楚编卷结的顺序是成功的关键。

※为便于理解，图片中使用了和作品不同颜色的线。结扣全部采用斜卷结，按照左半部分→右半部分→中间的顺序制作。

★花样的正、反面

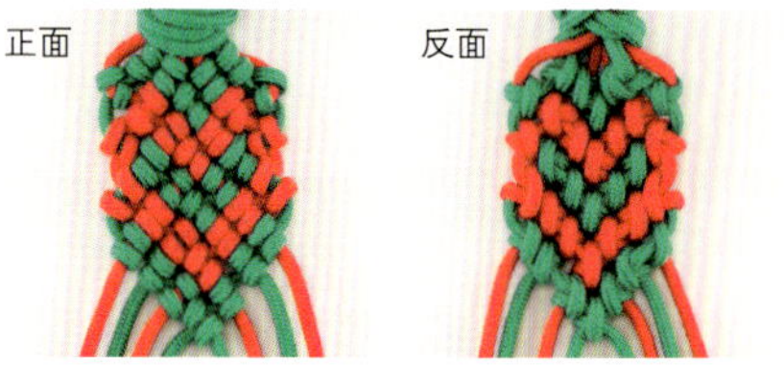

比较结面来看，反面能够更清楚地看到心形。请以喜欢的面作为正面。

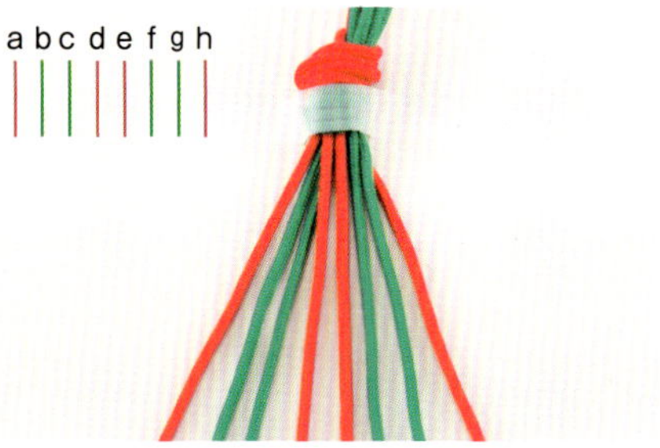

1 把线端留出三股辫长度的约1.5倍，编单结。绕编线按照配色的顺序排列好。

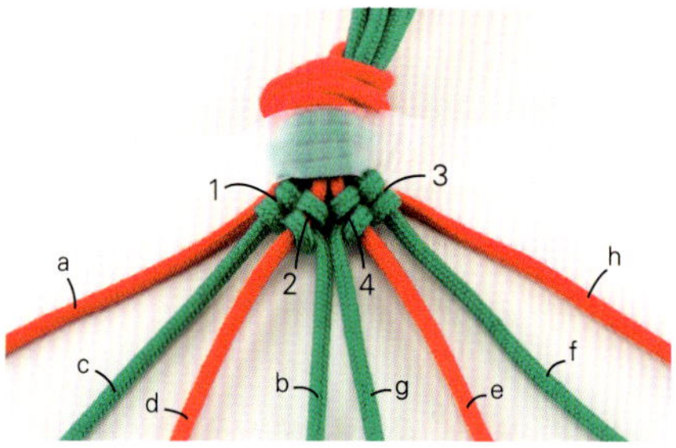

2 以c、d为芯线，用b线编出制作图中的1、2。接着，以f、e为芯线，用g线编出制作图中的3、4。这样就编好了左右对称的结。

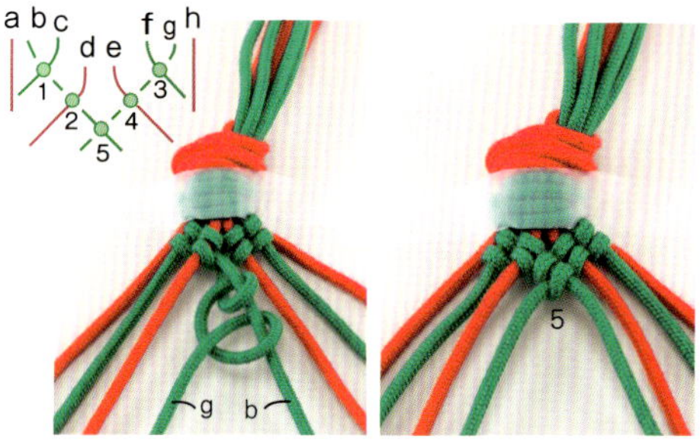

3 以b线为芯线，g线来编结，编出制作图中的5。第1行就完成了。

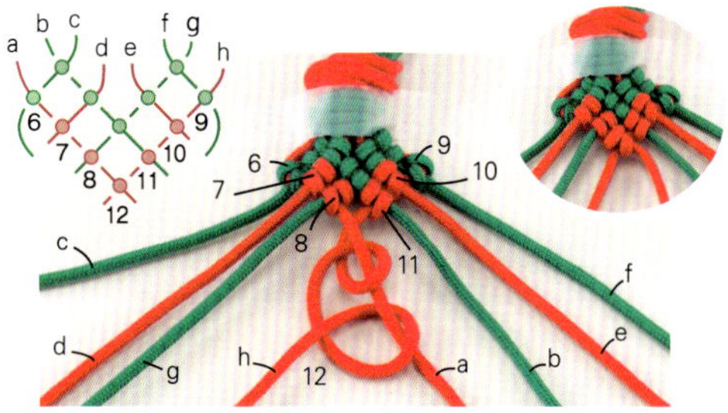

4 第2行，以a为芯线，用c线编6，分别以d和g为芯线，用a线编出7、8。接着，以h为芯线，用f线编出9。继续，分别以e和b为芯线，用h编出10、11。最后，以a为芯线，用h编出12。

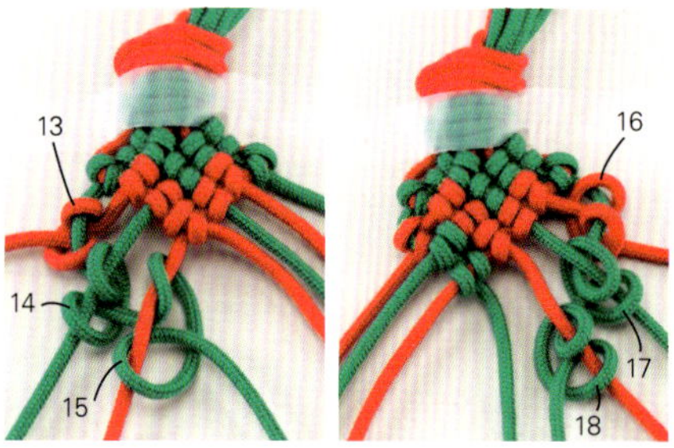

5 第3行也是从外侧向中心编结。从13～15、16～18，左右对称编结。13和16以外侧线（c、f）为芯线。

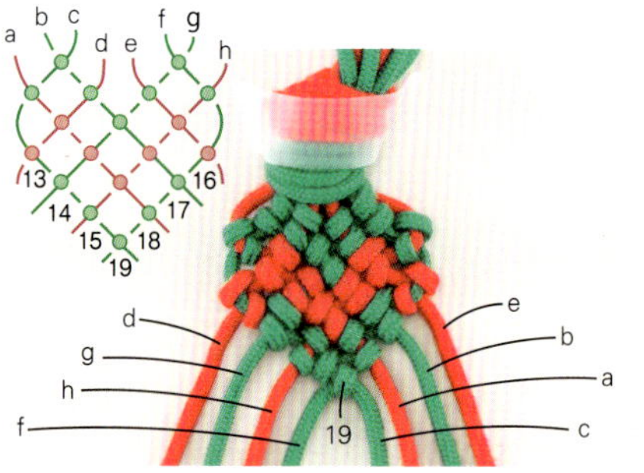

6 最后以c为芯线，用f线编出19。第3行就完成了。

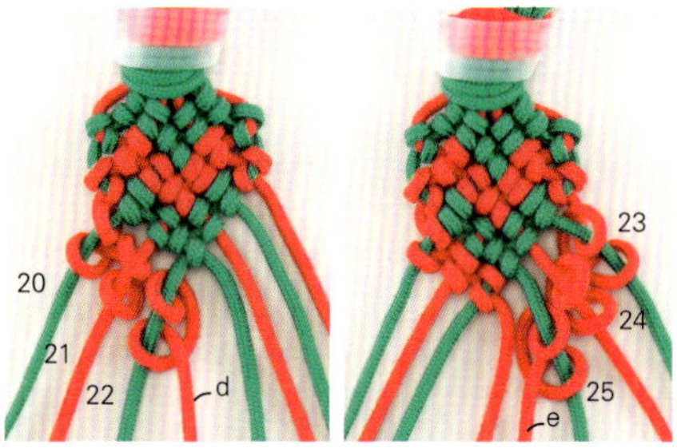

7 第4行，从外侧到中间，20～22，23～25，左右对称编结。所有外侧线(d、e)都作为绕编线。

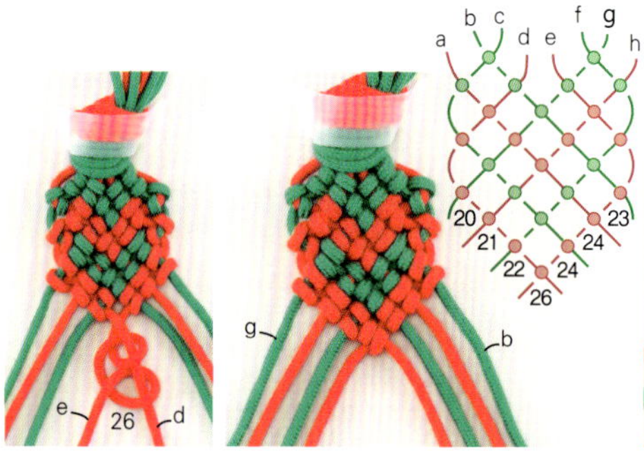

8 以d为芯线，用e编出26，第4行就完成了。

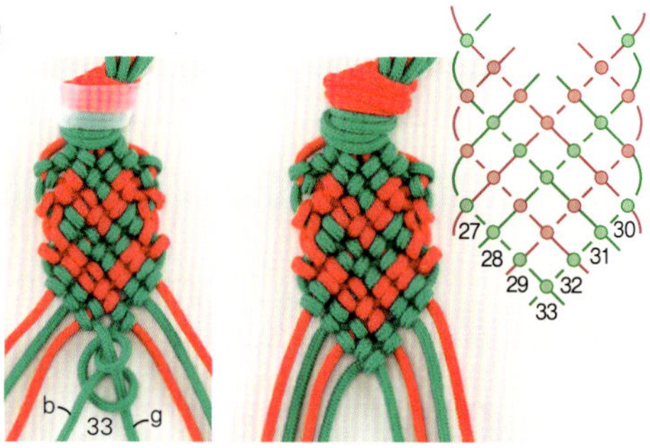

9 第5行是从外侧向中间，27～29，30～32，左右对称编结。所有外侧线(g、b)都作为绕编线，以g为芯线，用b编出33。就成了一个心形花样。重复步骤4～8。

步骤

方块花样

用竖卷结和横卷结编出的有方块风格的花样。虽然与方格图案一样也是两种结法的搭配，但是感觉不同！

※为便于理解，图片中使用了和作品不同颜色的线。

★花样的正、反面

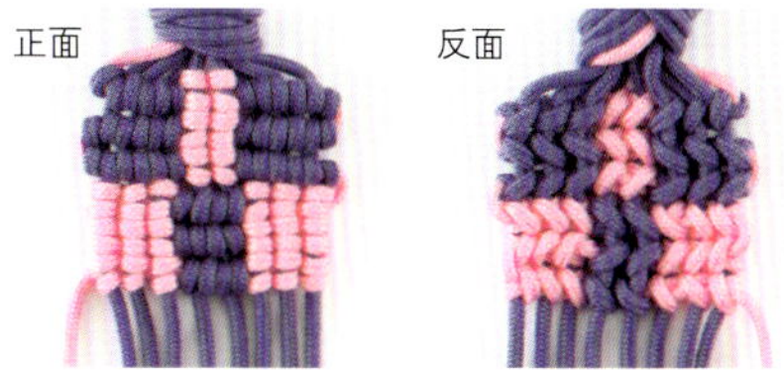

正面
反面

每当改变颜色就要改变结扣的方向，所以图案中很有节奏感。虽然花样很简单，但极具冲击力。

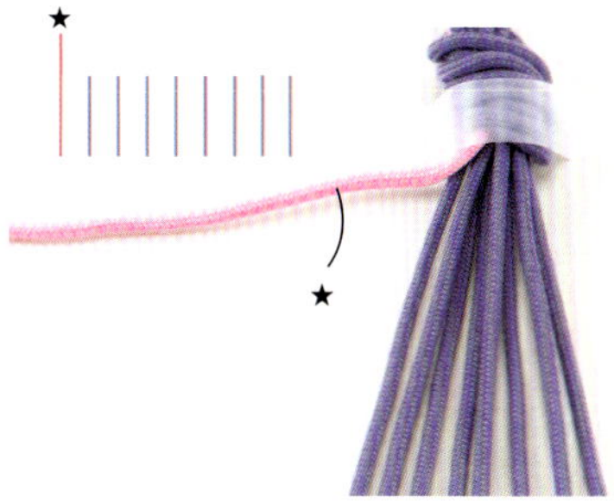

1 参照P.23将线对折，将起编处做成三股辫的环（参照P.5），编单结。绕编线按照配色的顺序排列好。
※★是当作中心的线（以下称芯线）。

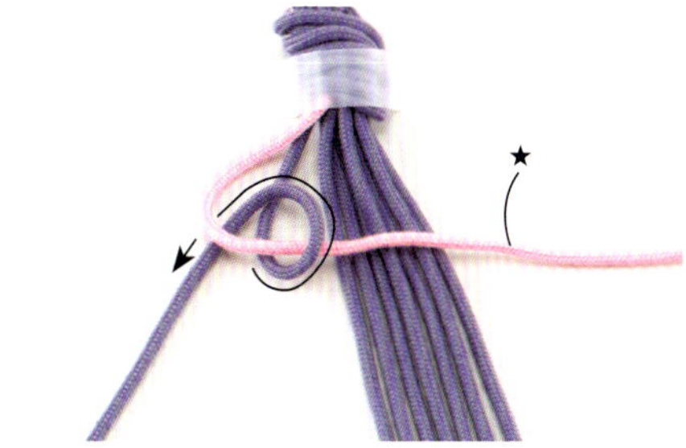

2 第1行的开始，芯线横置，绕编线如箭头所示自下向上绕，继续以同样的方法，再绕编一次。

3 1个横卷结就完成了。

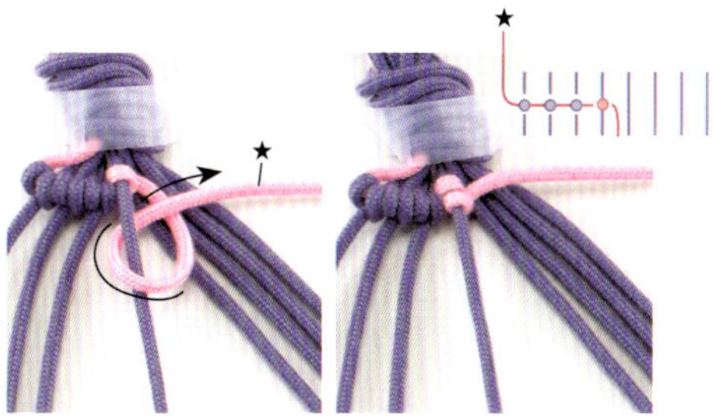

4 编完3个横卷结，★线改为绕编线，如箭头所示，在竖线上绕编。继续以同样的方法，再绕编一次，1个竖卷结就完成了。

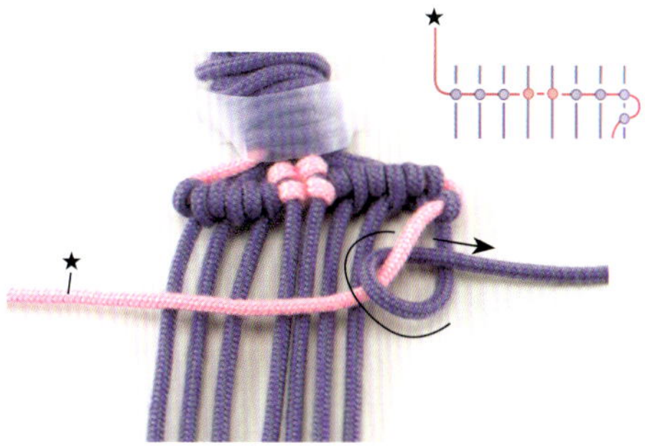

5 编完2个竖卷结，★线作为芯线，编3个横卷结。第2行，把★线折回，如箭头所示，编横卷结。

竖卷结的部分，
★线为绕编线。

6 自右向左，编3个横卷结、2个竖卷结、3个横卷结。第2行就完成了。

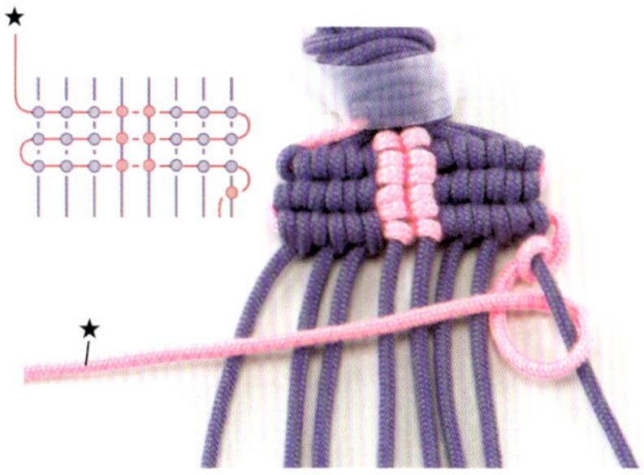

7 和第1行一样，完成第3行。从第4行开始，★线改为绕编线，编竖卷结。

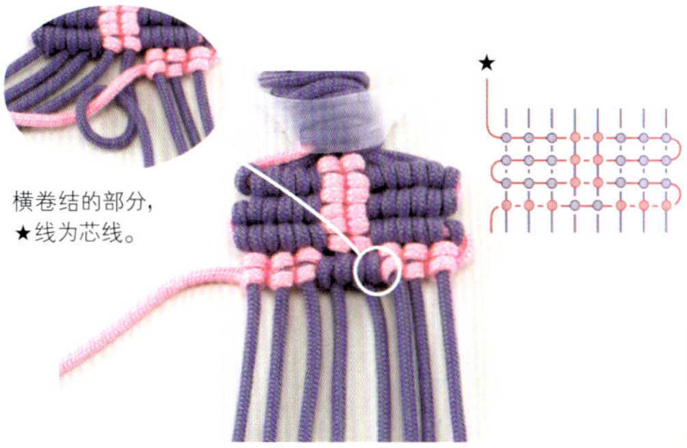

横卷结的部分，
★线为芯线。

8 自右向左，编3个竖卷结、2个横卷结、3个竖卷结。第4行就完成了。

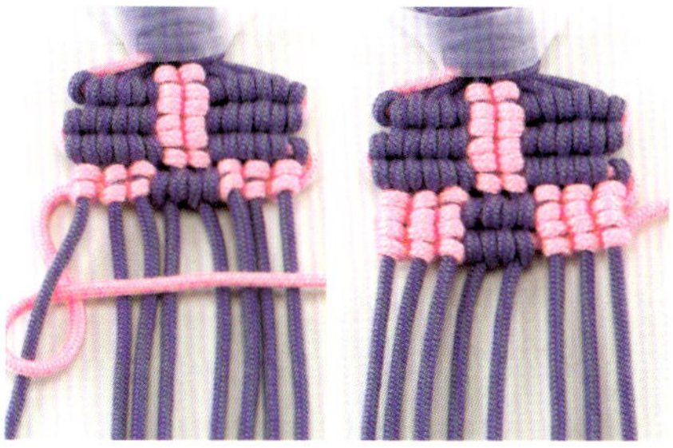

9 从第5行开始，编竖卷结。同样，如制作图所示，交替编出竖卷结和横卷结。

第 7 课

钻石花样

在美国用手指比出十字的手势是“Good Luck”（好运、幸运）的意思。斜线交叉而成的钻石花样包含同样的意思，让我们来编吧。

设计　铃木久美
色彩　坂内里嘉子

做法 → **P.27**

制作方法

45～52

P.26

材料▶DMC刺绣线

成品尺寸▶约32cm

做法要点▶参考编结顺序，按照所需长度，编成斜卷结。尾结和首结处（参照P.5）编成三股辫。

45
- A 深樱花色（957）＝150cm 2根
- B、B′ 草绿色（703）
  B＝120cm 2根，B′＝90cm 4根
- C 柠檬黄色（744）＝130cm 2根

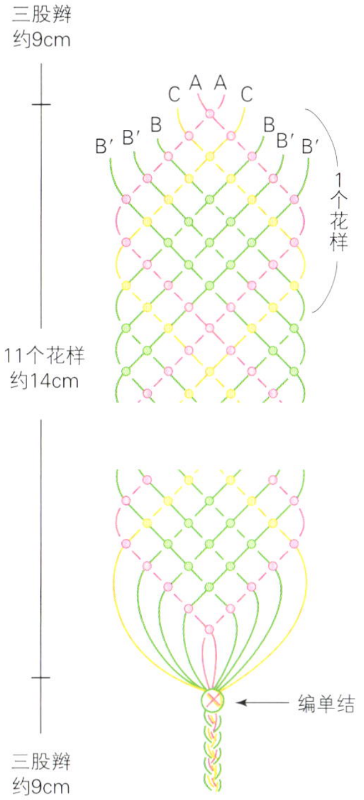

46
- A 芥末黄色（471）＝150cm 2根
- B、B′ 蒲公英色（725）
  B＝120cm 2根，B′＝90cm 4根
- C 亮橘色（741）＝130cm 2根

47
- A 枯叶色（420）＝150cm 2根
- B、B′ 紫色（3835）
  B＝120cm 2根，B′＝90cm 4根
- C 仙客来色（3809）＝130cm 2根

48
- A 水绿色（995）＝150cm 2根
- B、B′ 黑色（310）
  B＝120cm 2根，B′＝90cm 4根
- C 翠绿色（3847）＝130cm 2根

49
- A 黄白色（754）＝150cm 2根
- B～B‴ 浅蓝色（809）
  B＝120cm 2根，B′＝110cm 2根
  B″＝90cm 2根，B‴＝80cm 2根

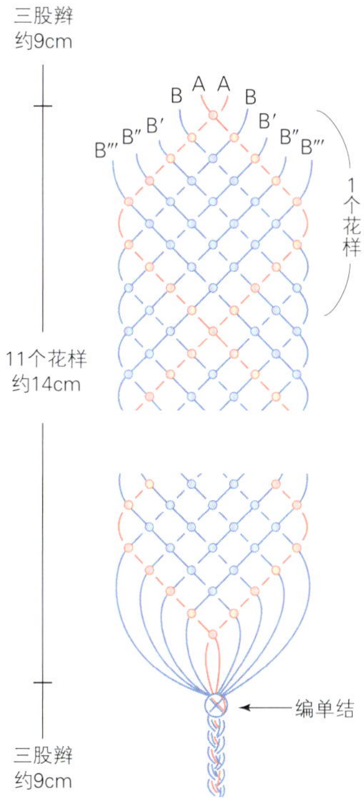

50
- A 白色（3753）＝150cm 2根
- B～B‴ 蔚蓝色（3843）
  B＝120cm 2根，B′＝110cm 2根
  B″＝90cm 2根，B‴＝80cm 2根

51
- A 茶褐色（3860）＝150cm 2根
- B～B‴ 赤红色（946）
  B＝120cm 2根，B′＝110cm 2根
  B″＝90cm 2根，B‴＝80cm 2根

52
- A 鲜黄色（3821）＝150cm 2根
- B～B‴ 红茶色（3857）
  B=120cm 2根，B′=110cm 2根
  B″=90cm 2根，B‴=80cm 2根

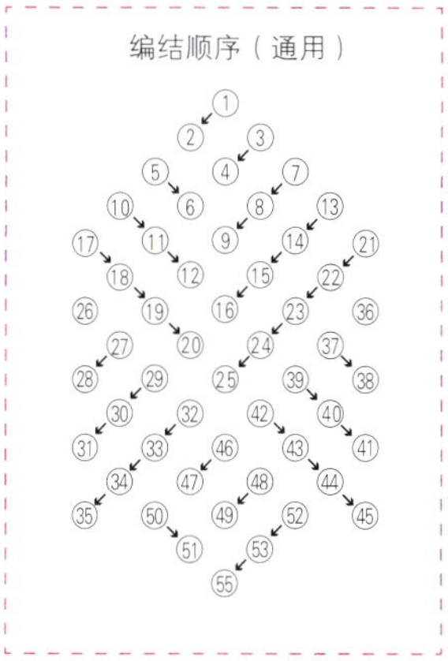

第 8 课

幸运花片

能够带来幸福的花片与手链搭配起来。用竖卷结做图案(参照P.8),要点是拉背面的渡线时的力度要相同。

设计　横山祥子

做法 → P.30、31

★幸运花片多种多样★

玫瑰…代表了爱、美、成功。
蝴蝶…代表变化、上升和飞越。
萤火虫…代表明亮的未来和希望。
星…希望的象征,能解除魔力。

设计 深泽昌子

做法 → P.31、45

★幸运花片多种多样★

兔子…代表飞跃，发扬优点，长耳朵有“好好学习”的意思。
黑猫…在欧洲，是守护健康，带来幸运的象征。
熊…带来幸福、金钱，有强大的领导能力。
龟…在夏威夷是“海的守护神”。在日本是长寿的象征。
蓝色的鸟…象征幸福。
缎带…连接良缘。
青蛙…财运上升。也与“平安归来”这句话相配。
四叶幸运草…可以带来幸运的代表性花纹。

制作方法

53 ～ 65 P.28、29

材料▶DMC刺绣线
成品尺寸▶约38cm
做法要点▶图案中的一个方格就是一个结扣。首结和尾结处，把芯线挽成一束，编单结。参考制作图，用图案中的配色线编竖卷结（参照P.8）。最后，线头拉至结扣背面进行处理，尾结和首结处（参照P.5）编成三股辫。

做法通用

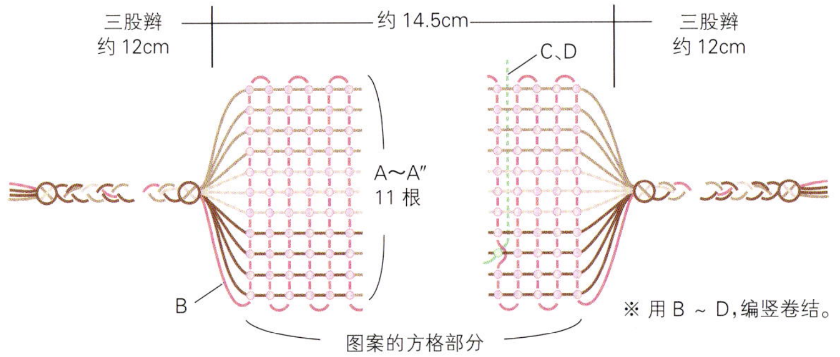

53
A 土黄色（3045）= 60cm 4根
A′ 浅驼色（842）= 60cm 3根
A″ 茶色（869）=60cm 4根
B 橘粉色（818）=700cm 1根
C 绛红色（335）=160cm 1根
D 深草绿色（3364）=220cm 1根

54
A 灰绿色（3022）= 60cm 4根
A′ 浅驼色（842）= 60cm 3根
A″ 深驼色 （642）=60cm 4根
B 本白色（ECRU）=610cm 1根
C 深绿色（319）=160cm 1根
D 红色（666）=90cm 1根
E 粉紫色（603）=90cm 1根

55
A 雪青色（340）= 60cm 4根
A′ 丁香色（210）= 60cm 3根
A″ 桔梗色（550）=60cm 4根
B 草莓色（917）=620cm 1根
C 荧光紫色（Fluo/Violet）=150cm 1根
D 荧光蓝色（Fluo/Blue）= 150cm 1根
E 荧光粉色（Fluo/Fuchsia）= 150cm 1根

56
A 酸橙绿色（3347）= 60cm 11根
B 亮黄绿色（907）= 700cm 1根
C 黄褐色（402）= 150cm 1根
D 红色（666）= 60cm 1根
E 黑色（310）= 60cm 1根

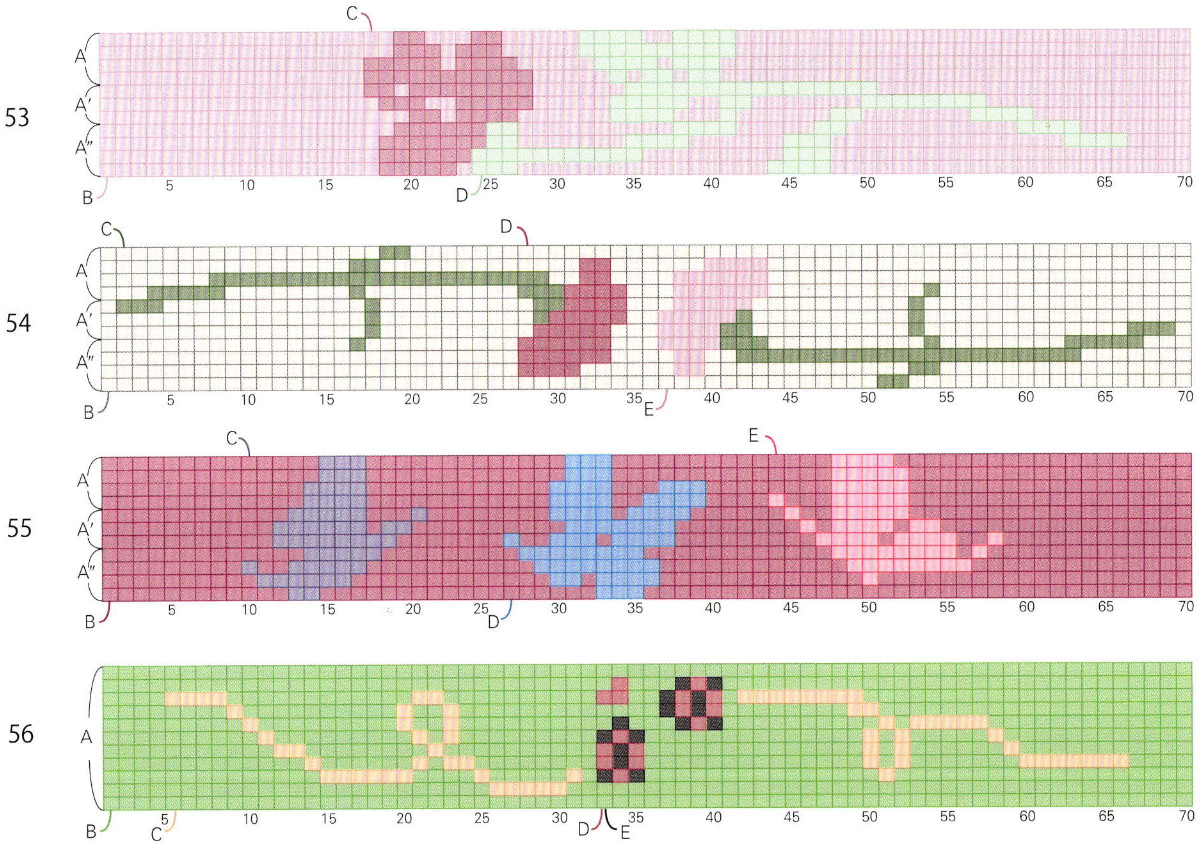

57
- A 蓝色（828）= 60cm 4根
- A′ 天蓝色（519）= 60cm 3根
- A″ 杜若色（3760）=60cm 4根
- B 靛蓝色（336）=650cm 1根
- C 荧光黄色（Fluo/Yellow）=380cm 1根

58
- A 珊瑚粉色（894）= 60cm 3根
- A′ 白色（3865）= 60cm 5根
- A″ 草绿色（165）=60cm 3根
- B 深绿色（703）=570cm 1根
- C 珊瑚粉色（894）=100cm 1根
- D 白色（3865）=240cm 1根

59
- A 浅红色（961）= 60cm 3根
- A′ 浅黄色（778）= 60cm 5根
- A″ 玫红色（601）=60cm 3根
- B 浅驼色（842）=510cm 1根
- C 黑色（310）=290cm 1根
- 刺绣线 玫红色（601）=少量

57

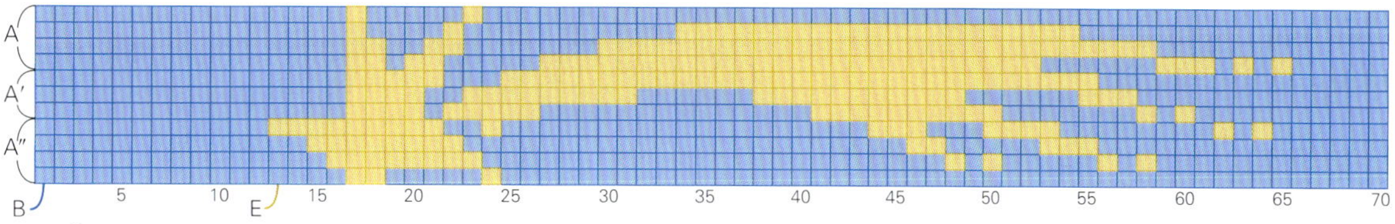

58

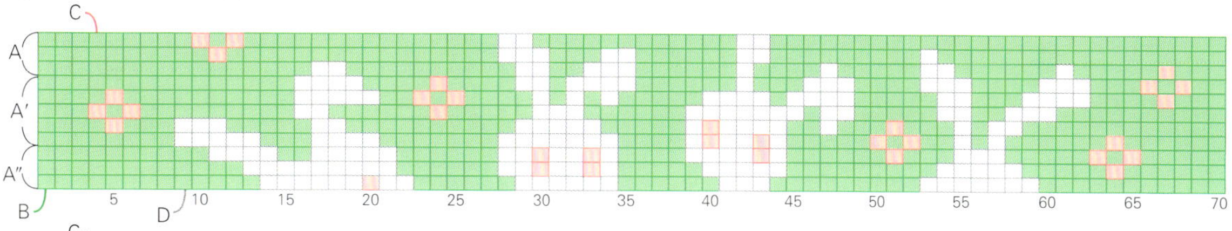

59

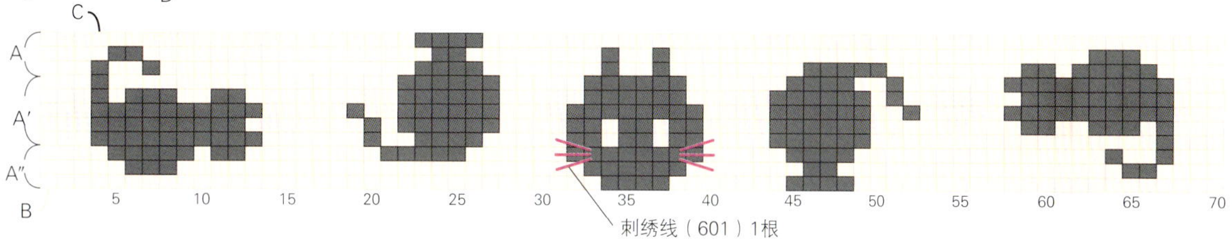

60
- A 藏青色（823）= 60cm 3根
- A′ 肤色（822）= 60cm 5根
- A″ 深绿色（319）=60cm 3根
- B 浅蓝色（747）=490cm 1根
- C 土黄色（3045）=310 cm 1根
- D 藏青色（823）=100cm 1根

61
- A 银灰色（762）= 60cm 4根
- A′ 藏青色（823）= 60cm 4根
- A″ 浅驼色（842）=60cm 3根
- B 水绿色（995）=330cm 1根
- C 亮蓝色（996）=320cm 1根
- D 象牙色（928）=230cm 1根

62
- A 段染红色、橘色（4124）= 60cm 11根
- B 银灰色（762）=560cm 1根
- C 橘色（740）=100cm 1根
- D 亮蓝色（996）=200cm 1根

60

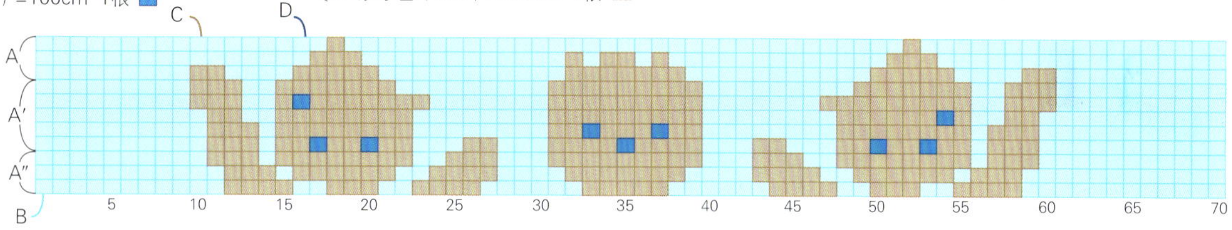

61

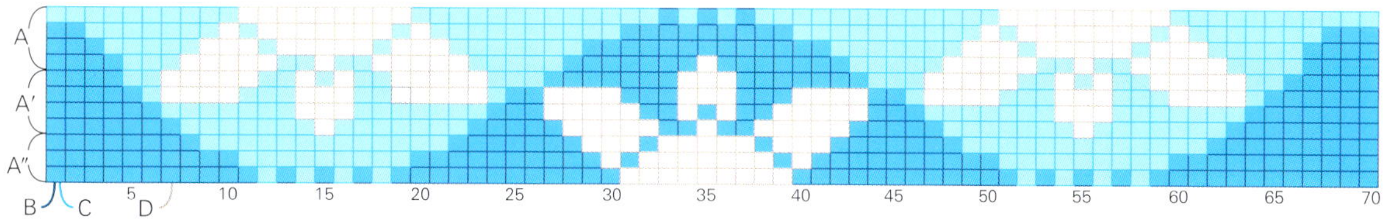

62

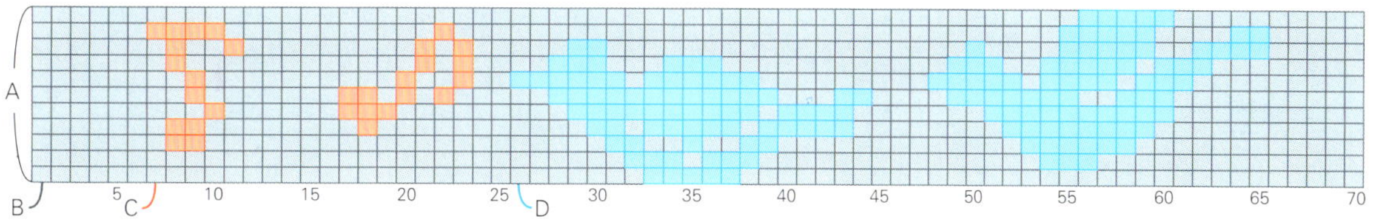

※ 作品 63、64、65 见 P.45。

第 9 课

棉狭花纹

棉狭花纹，最初是在日本冲绳，女子送给男子的棉狭带上所使用的图案。由五角星和四角星的图案制成，表示“永生永世，爱情不变”。此外，蓝色还有爱情的意思。

设计　山崎由香里

做法 → P.33

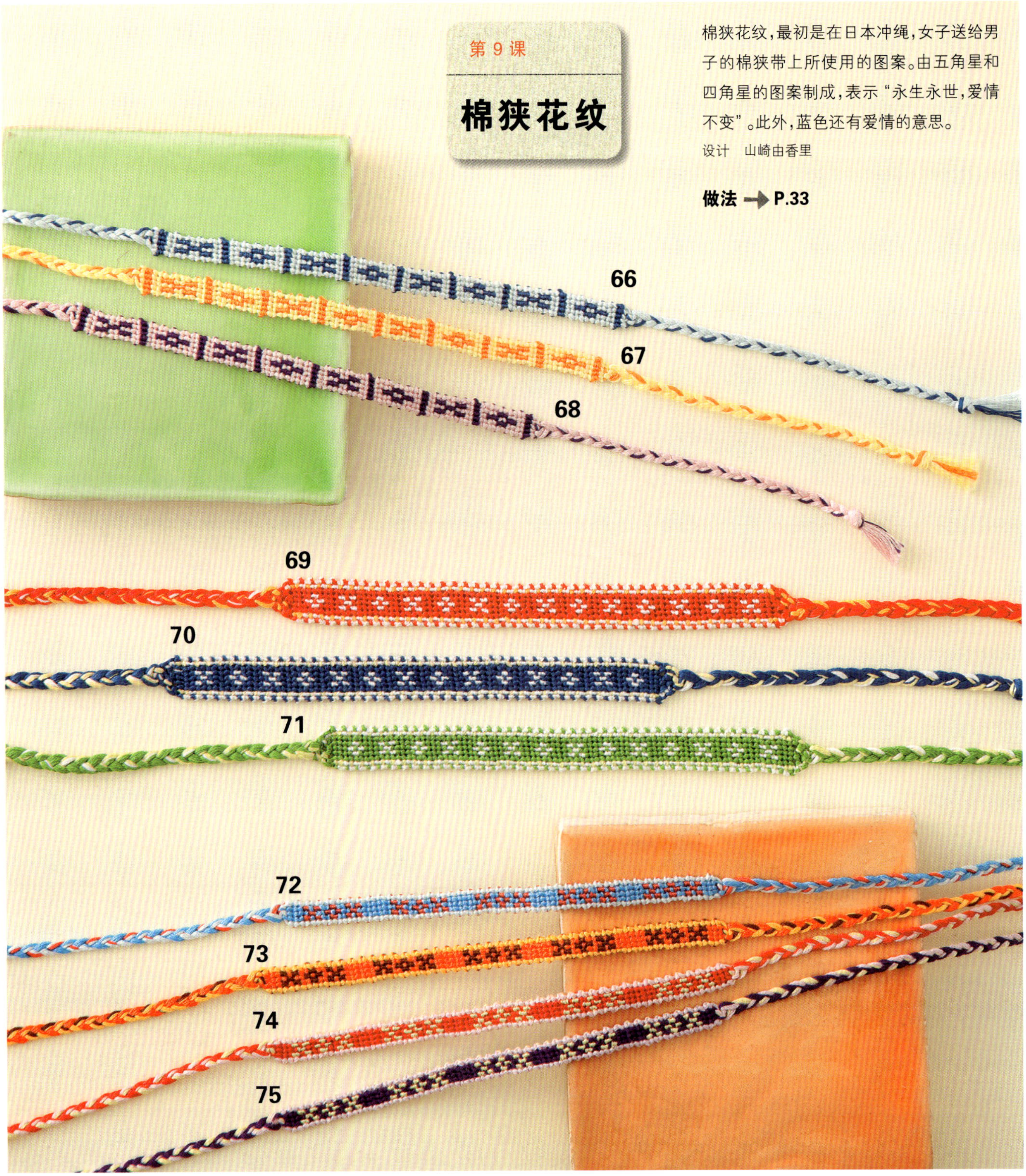

制作方法

66 ~ 75

P.32

材料▶DMC刺绣线
成品尺寸▶约34cm
做法要点▶图案中的一组方格是一个结扣。参考做法图，出现B线时，编竖卷结；出现A、A' 线时，编横卷结。尾结和首结处（参照P.5）编成三股辫。

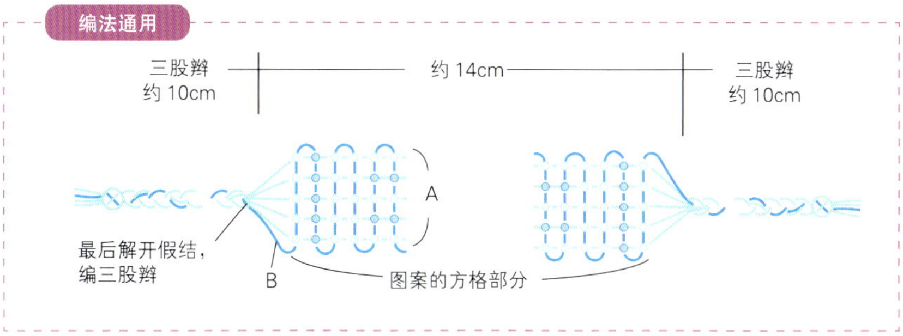

66 { A 天使蓝色（775）= 120cm 5根
B 韦奇伍德（312）= 200cm 1根

67 { A 明黄色（727）= 120cm 5根
B 杏黄色（970）= 200cm 1根

68 { A 灰粉色（3689）= 120cm 5根
B 桔梗色（550）= 200cm 1根

66

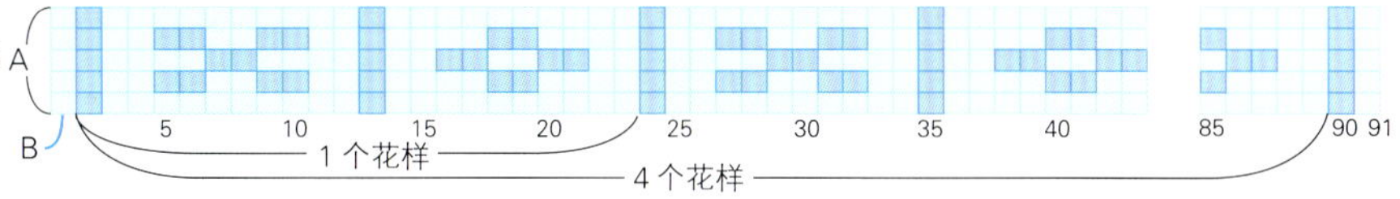

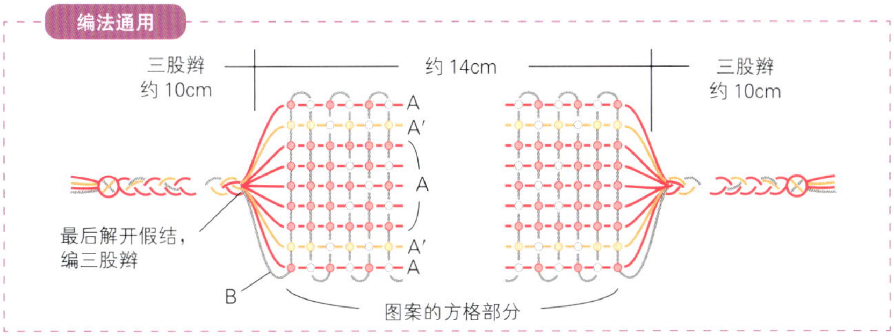

69 { A 红色（666）= 130cm 7根
A' 向日葵色（742）= 130cm 2根
B 雪白色（B5200）= 320cm 1根

70 { A 墨蓝色（3842）= 130cm 7根
A' 柠檬黄色（744）= 130cm 2根
B 雪白色（B5200）= 320cm 1根

71 { A 黄绿色（906）= 130cm 7根
A' 草绿色（165）= 130cm 2根
B 雪白色（B5200）= 320cm 1根

69

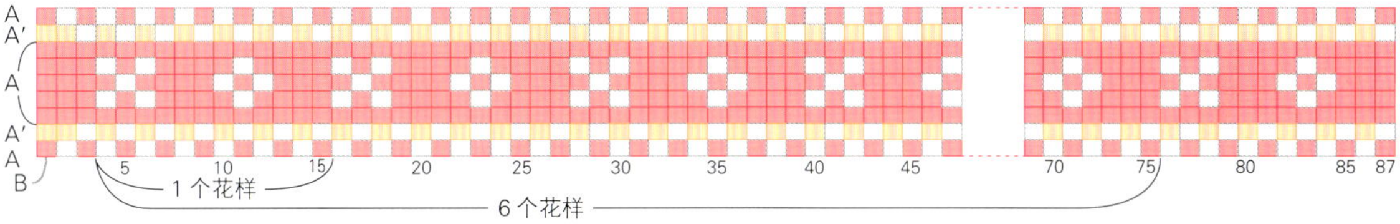

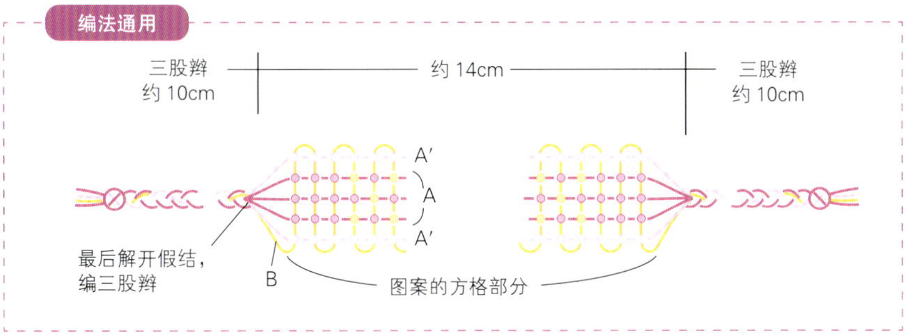

72 { A 亮蓝色（996）= 130cm 3根
A' 天使蓝色（775）= 130cm 2根
B 信号灯红色（3801）= 200cm 1根

73 { A 亮橘色（608）= 130cm 3根
A' 向日葵色（742）= 130cm 2根
B 咖啡色（300）= 200cm 1根

74 { A 红色（666）= 130cm 3根
A' 灰粉色（3689）= 130cm 2根
B 草绿色（165）= 200cm 1根

75 { A 桔梗色（550）= 130cm 3根
A' 浅紫色（153）= 130cm 2根
B 明黄色（727）= 200cm 1根

75

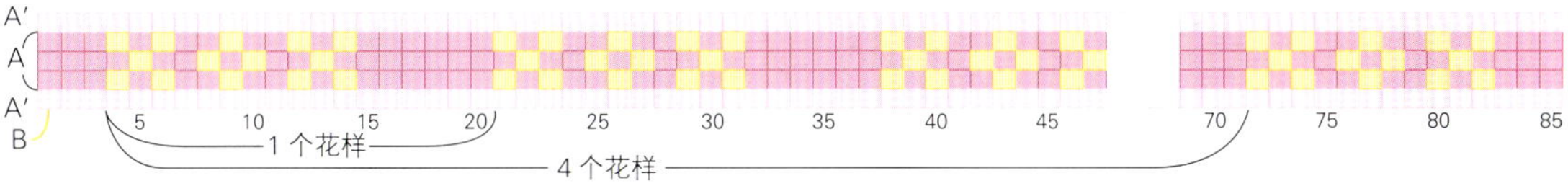

第10课

串珠风格

简单的手链上缝上珠子、小饰物等，是很好的装饰。据说身上佩戴闪亮的饰品，能够带来好运。有4种风格，可随喜好而选哦。

设计　岩崎佐都美

做法 ➔ **P.36～39**

自然清新

单一格调

北欧风
84
85
86
87

特色民族风
88
89
90
91
92
93
94

制作方法

76 ～ 94 P.34、35

材料▶DMC刺绣线，88～94是25号刺绣线［炫彩线36根1股“扎染”］，各种珠子（详见图内）

成品尺寸▶参照图示

做法要点▶参照制作图，编织手链。尾结和首结处编单结（参照P.5），编三股辫，最后缝上珠子之类的饰物。所有作品都是以结的背面作为正面使用。

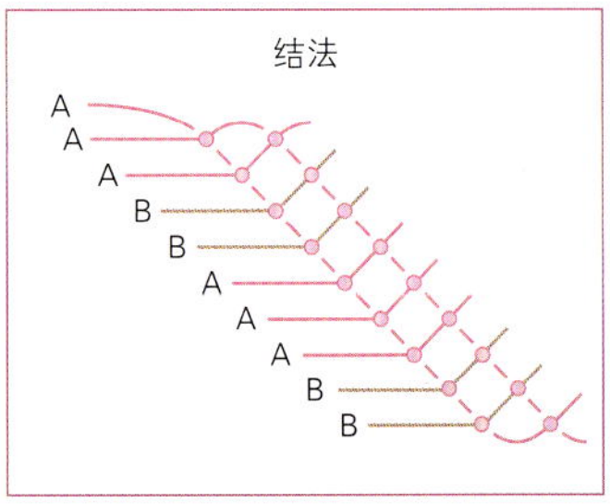

76
- A 贝壳粉色（151）= 105cm 6根
- B 酸橙绿色（3782）=105cm 4根
- 心形珠子（k1874/81号） 1颗

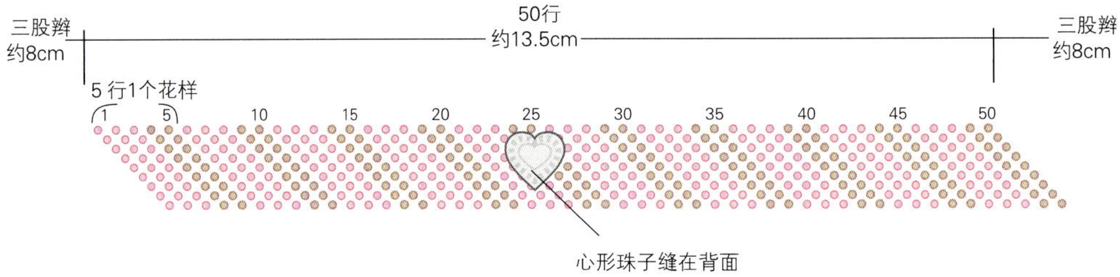

77
- A 驼色（841）= 105cm 4根
- B 古典玫瑰色（758）=105cm 4根
- 连接件（k1437/G） 1个

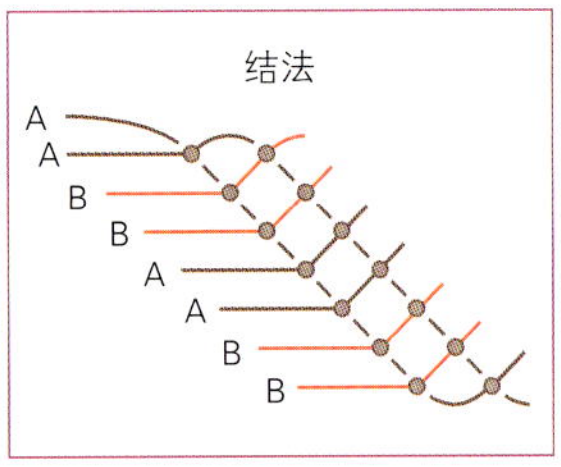

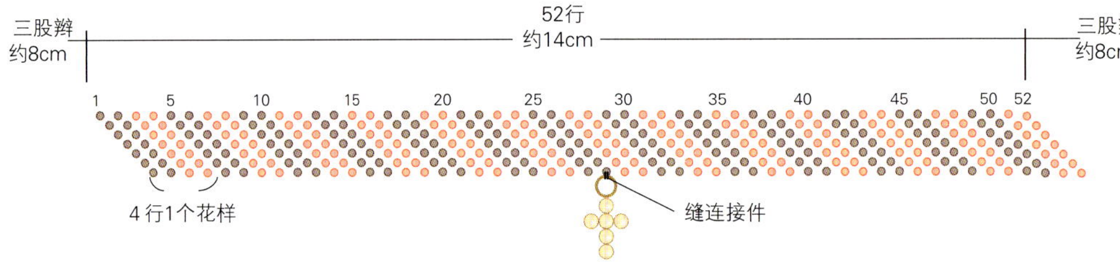

78
- A 古典蓝色（3766）= 105cm 6根
- B 桑茶色（3862）=105cm 2根
- 连接件（k923/S） 1个

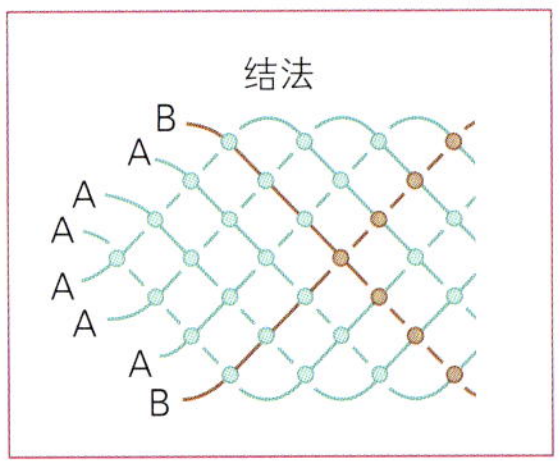

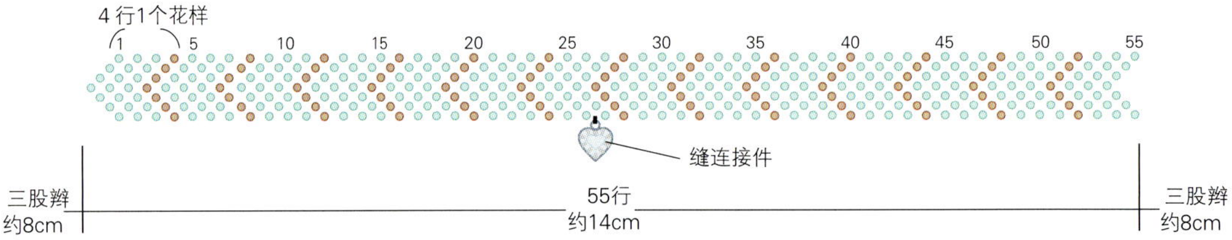

79
- A 油画蓝色（3752）= 105cm 6根
- B 浅焦茶色（840）=105cm 4根
- 特大珠子（3959号） 6颗

84
- A 海蓝色（807）= 105cm 6根
- B 白色（3865）=105cm 4根
- 亚克力石 橘色（k5451/13号） 1颗、（k5450/13号） 4颗、（k5452/13号） 2颗

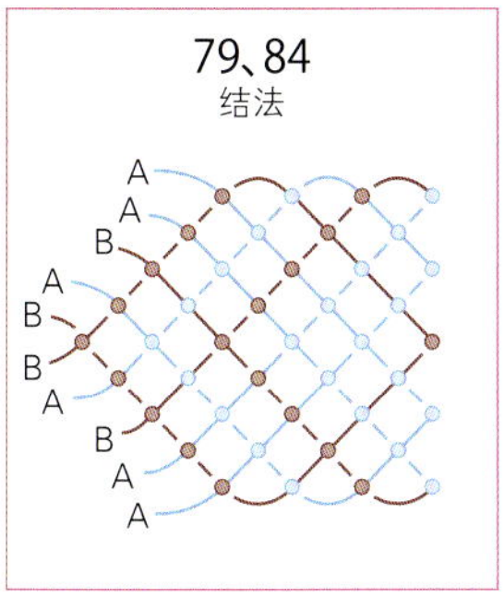

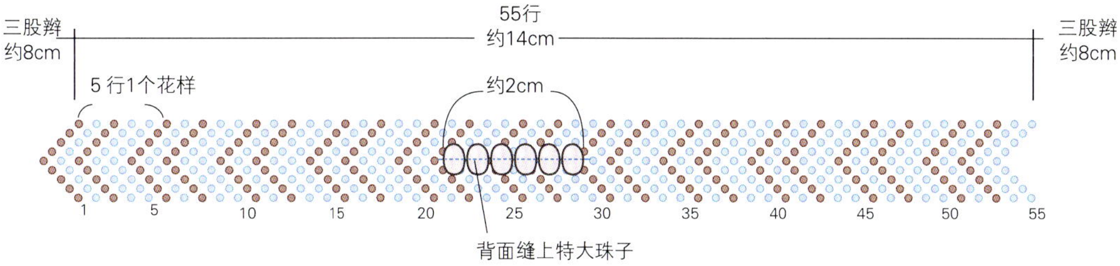

84

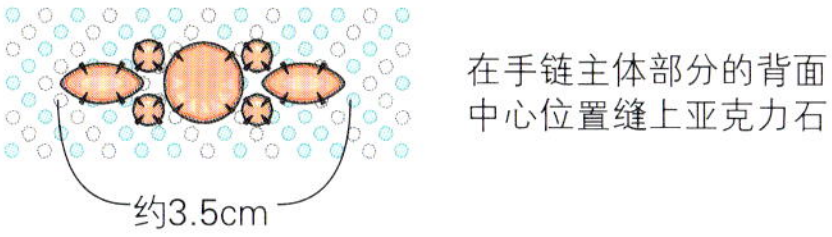

80
- A 海棠色（600）= 105cm 4根
- B 烟灰色（3799）=105cm 2根
- C 灰绿色（169）=105cm 4根
- 高级彩色珍珠 白色3mm（k251/3） 11颗

86
- A 砖青色（517）= 105cm 4根
- B 深灰色（414）= 105cm 2根
- C 白色（3865）=105cm 4根
- 高级彩色珍珠 白色3mm（k251/3） 45颗

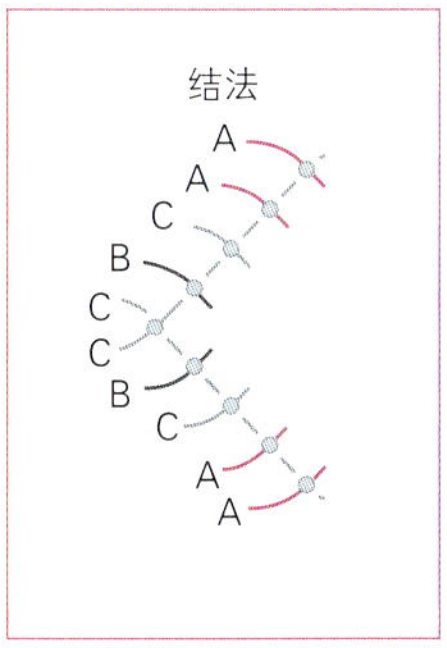

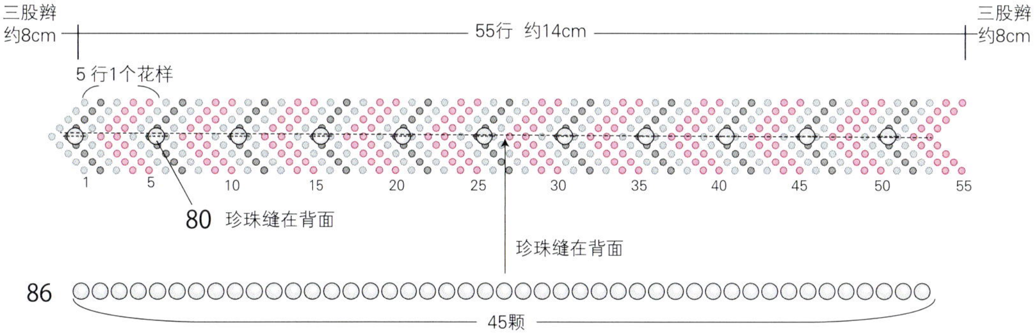

81
- A 深灰色（414）= 105cm 3根
- B 暗灰色（413）=105cm 3根
- C 海棠色（600）=105cm 3根
- 人造钻石（k854S/1号） 13cm

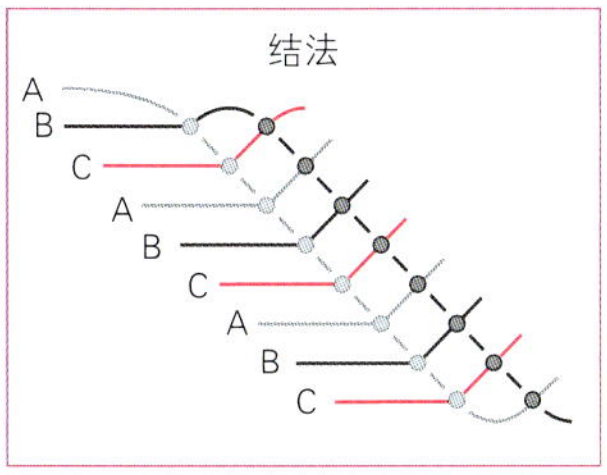

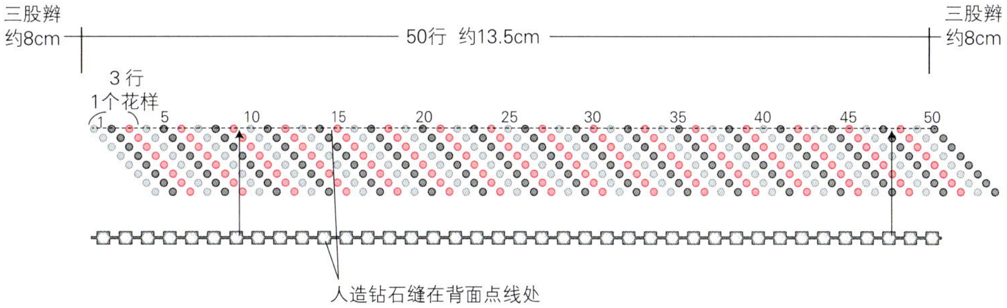

82
- A 黑色（310）= 105cm 7根
- B 雪白色（B5200）=105cm 1根
- MC配件（K4884SS−40）1个
- 蓝色亚克力石（k5452/64号）4颗、（k5450/64号） 2颗
- 人造钻石（k428/7号） 4颗

88
- A 扎染（红色）= 105cm 5根
- B 扎染（渐变色）= 105cm 5根
- 亚克力石 蓝色（k5451/64号） 1颗、薄荷绿色（k5452/29号） 4颗
- 橘色木珠 （H761/5号） 4颗

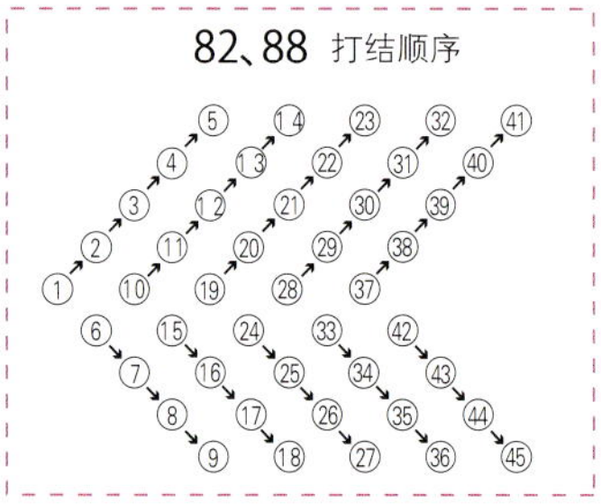

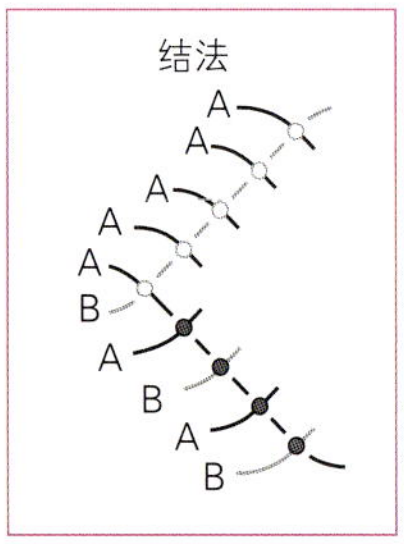

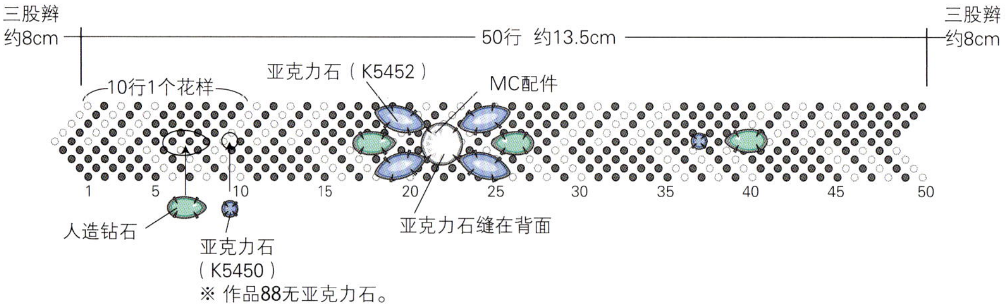

※ 作品88无亚克力石。

83
- A 黑色（310）= 105cm 4根
- B 雪白色（B5200）=105cm 3根
- 亚克力石 薄荷绿色（k5450/29号） 8颗
- 大圆珠 外表镀银（4201号） 16颗

85
- A 深藏青色（803）= 105cm 4根
- B 白色（3865）=105cm 3根
- 亚克力石 浅灰色（k5450/241号） 5颗

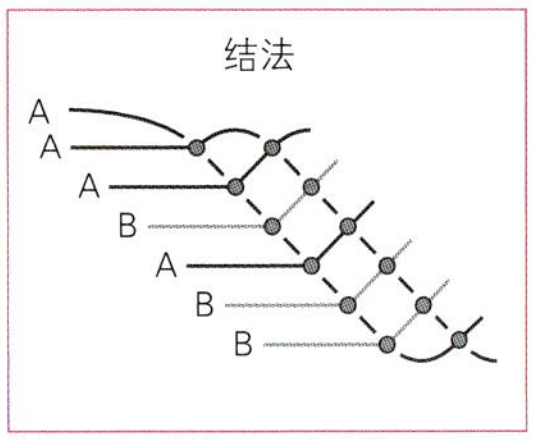

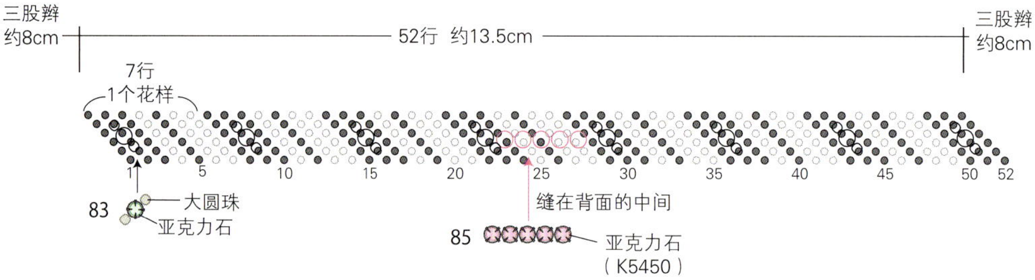

87
- A 鲜黄色（3821）= 105cm 4根
- B 苹果绿色（368）=105cm 4根
- C 灰绿色（169）=105cm 2根
- 双孔方形珠 AB暗灰色（TL1865） 11颗
- 大圆珠 蓝色（H3774/648号） 30颗

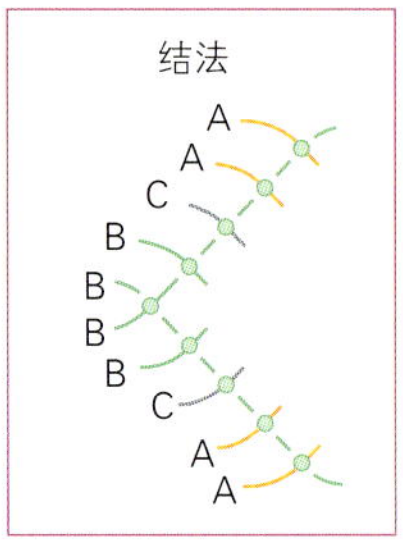

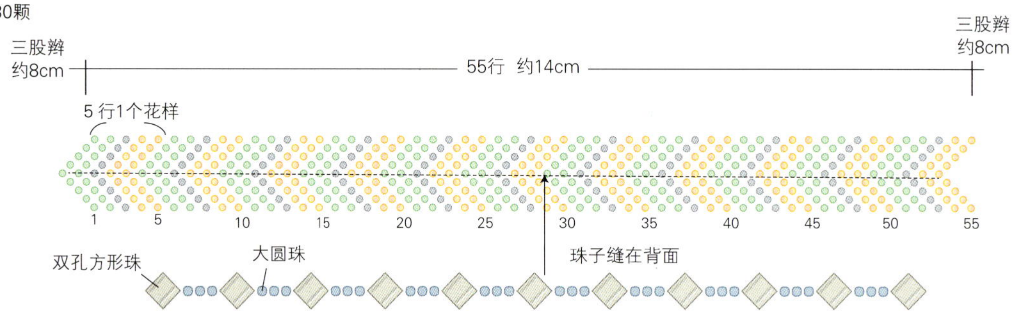

89 A 扎染（绿色）=105cm 2根
B 扎染（渐变色）=105cm 4根
C 扎染（白色）=105cm 2根
瓜钻链 水蓝宝石（k4811S/8号） 5cm

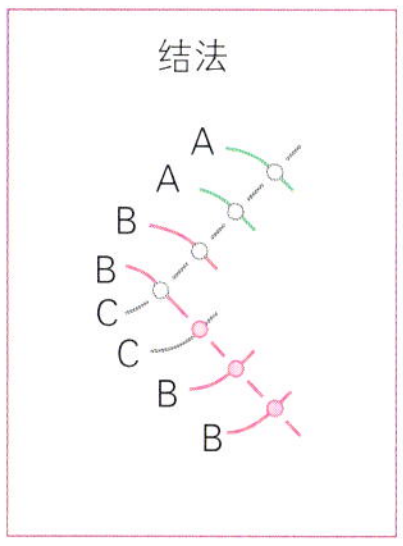

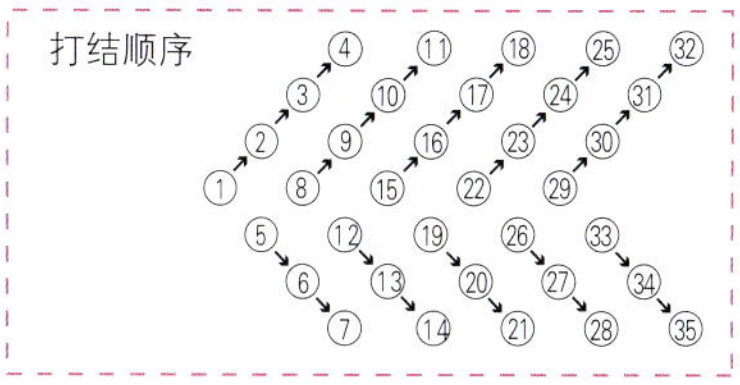

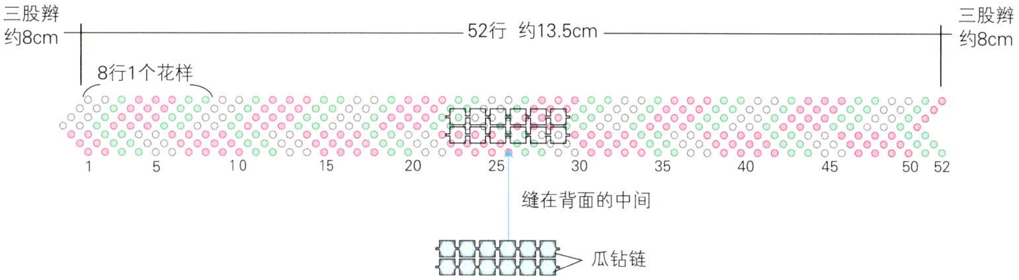

90 A 扎染（渐变色）=100cm 6根
枣形木珠 4mm×8mm 枣红色（H761/6号） 4颗
花形木珠 白色（H777/1号）3颗、直径3mm蓝色圆形木珠 （H751/14号） 3颗

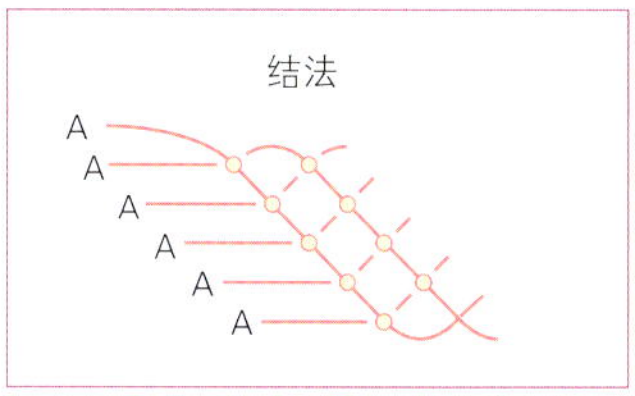

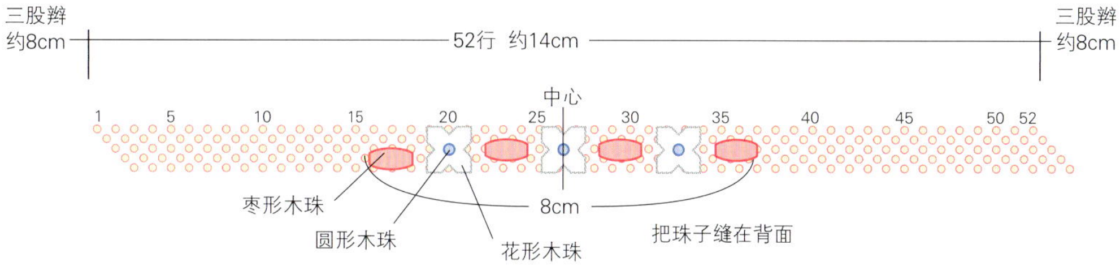

91 A 扎染（渐变色）=100cm 4根
椭圆形珠（LDP160） 7颗
大圆珠 外层镀金（H2957/182号） 8颗

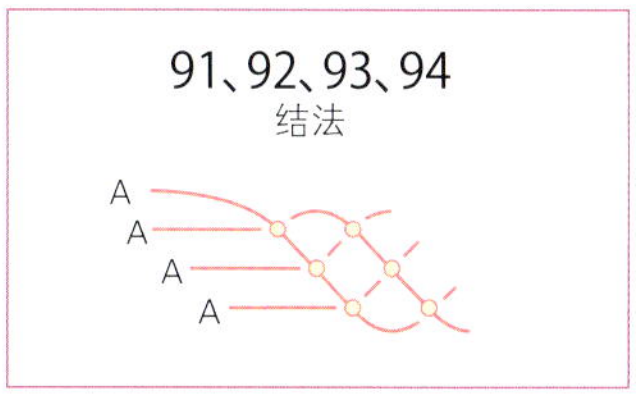

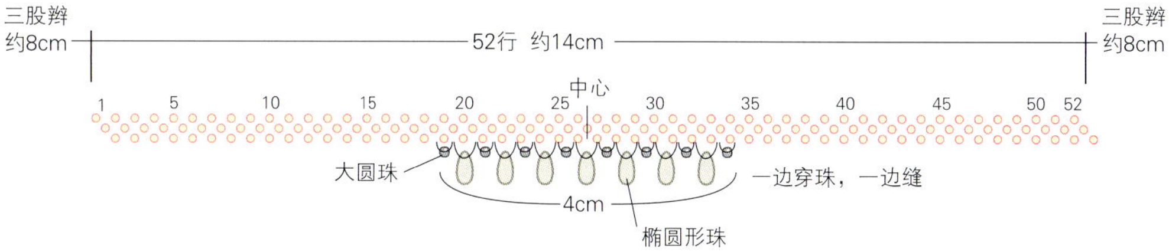

92 A 扎染（渐变色）=100cm 4根
字母珠 心形（K4250/HE） 1颗

93 A 民族风（渐变色）=100cm 4根
字母珠 笑脸（K4250/SM） 1颗

94 A 民族风（渐变色） =100cm 4根
字母珠 星星（K4250/ST） 1颗

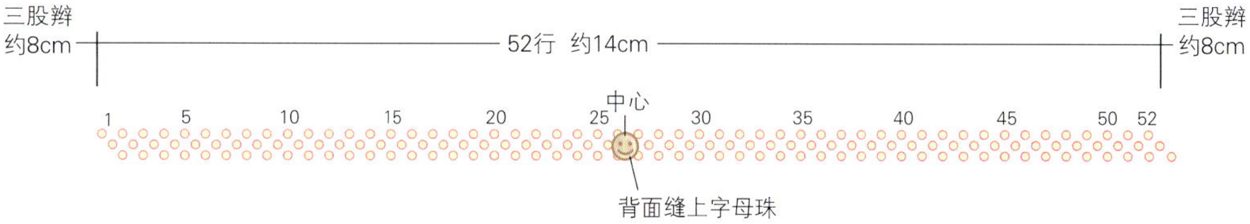

第 11 课

东欧风压线花样

如彩带一样的可爱手链。可爱的图案是用"竖卷结"和"横卷结"联合编织而成。

要与众不同的话，就用这款手链来提升少女度！

设计　铃木久美

做法 → P.43、44

95
96
97
98
99
100
101
102
103
104

白底红线的式样、白底蓝线的式样，
是以小花花样和个性的连续图案做成
的。请享受属于自己的创作吧。

设计　大原千佳

做法➜ P.44、45

105

106

107

108

109

110

111

112

制作方法

95 ~ 112 P.41、42

材料▶DMC刺绣线
成品尺寸▶约34cm
做法要点▶图案中的一个方格就是一个结扣。参照制作图，出现B线颜色时编竖卷结，出现A～A″线颜色时编横卷结(只有作品109参照制作图的指示)。作品尾结和首结处(参照P.5)编成三股辫。作品105、107、110、112是把首结做成三股辫的环，把尾结编成两根三股辫。

编法通用

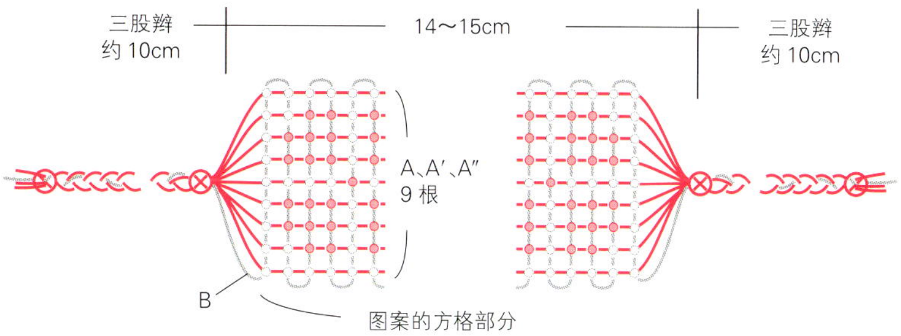

95 A、A′、A″ 橘红色（606） A= 100cm 6根
A′ = 80cm 1根、A″= 60cm 2根
B 白色（3865）=480cm 1根

96 A、A′、A″ 靛蓝色（336） A= 100cm 6根
A′ =80cm 1根、A″= 60cm 2根
B 白色（3865）=480cm 1根

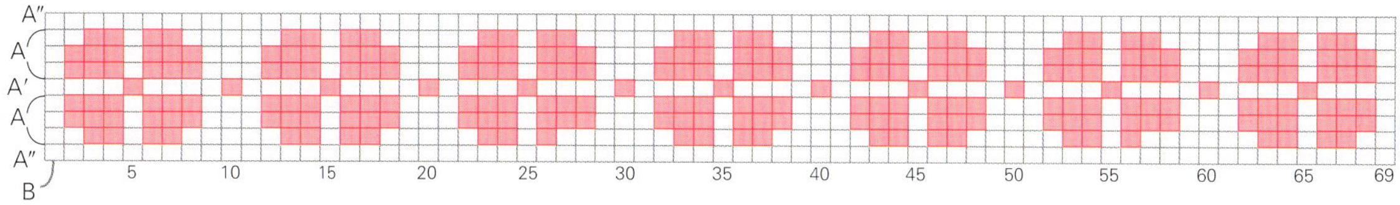

97 A、A′ 浅黄褐色（3824）
A = 100cm 6根，A′= 60cm 2根
A″ 凤梨色（726）= 80cm 1根
B 胭脂红色（321）=480cm 1根

98 A、A′ 红色（666）
A = 100cm 6根，A′= 60cm 2根
A″ 凤梨色（726）= 80cm 1根
B 本白色（ECRU）=480cm 1根

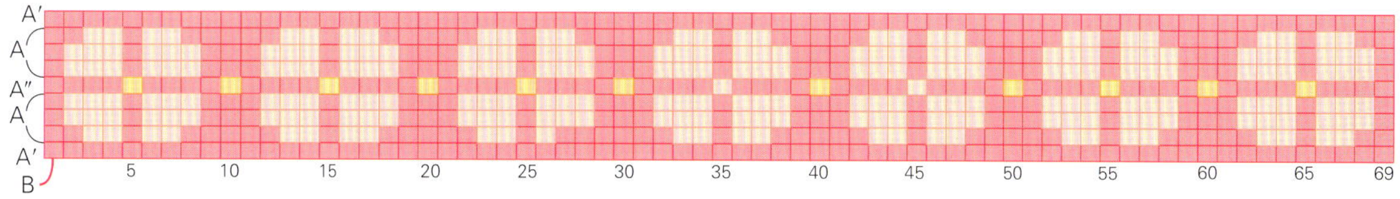

99 A、A′、A″ 杜若色（3760） A= 100cm 6根
A′ =80cm 1根，A″= 60cm 2根
B 白色（BLANC）=450cm 1根

100 A、A′、A″橘红色（606） A= 100cm 6根
A′ = 80cm 1根，A″= 60cm 2根
B 白色（BLANC）=450cm 1根

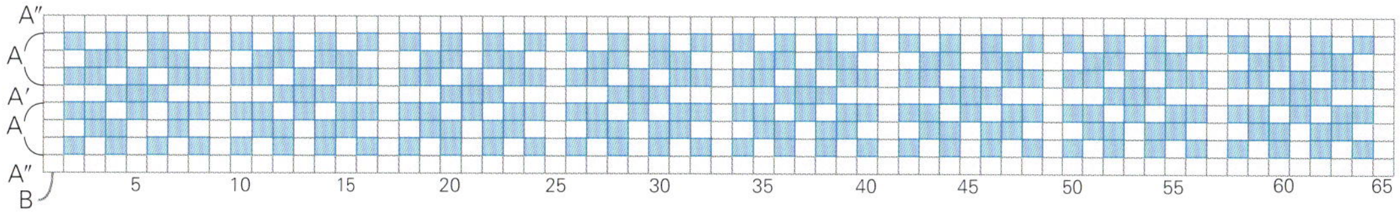

101 A 黄色（445）=100cm 3根
A′ 黄色（445）= 60cm 4根
A″ 蓝绿色（3812）= 80cm 2根
B 鸢尾花色（209）=550cm 1根

102 A 玫红色（601）=100cm 3根
A′ 玫红色（601）= 60cm 4根
A″ 翠绿色（911）= 80cm 2根
B 米色（746）=550cm 1根

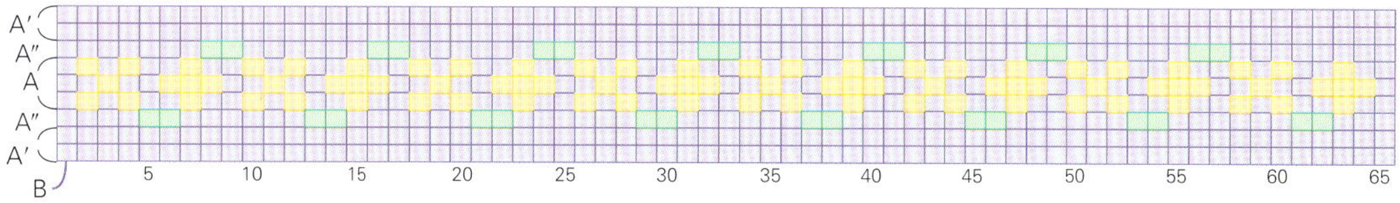

103 A、A′、A″ 青竹色（702） A= 120cm 2根
A′= 100cm 3根，A″= 60cm 4根
B 天蓝色（3846）=450cm 1根

104 A、A′、A″ 赤红色（946） A= 120cm 2根
A′ =100cm 3根，A″= 60cm 4根
B 鲜红色（815）=450cm 1根

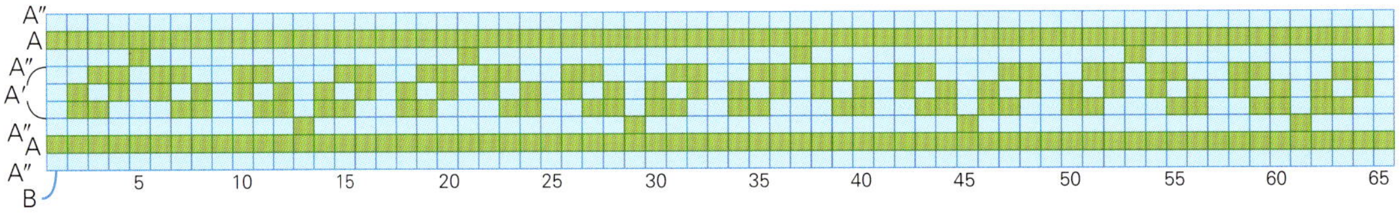

105 A、A′ 白色（3865） A= 200cm 4根
A′= 105cm 1根
B 天蓝色（3844）=315cm 1根
※ 首结处做成环形（参照P.5）。

106 A、A′ 白色（BLANC） A= 120cm 8根，A′=120cm 1根
B 胭脂红色（321）=330cm 1根
※ 首结和尾结编成三股辫。

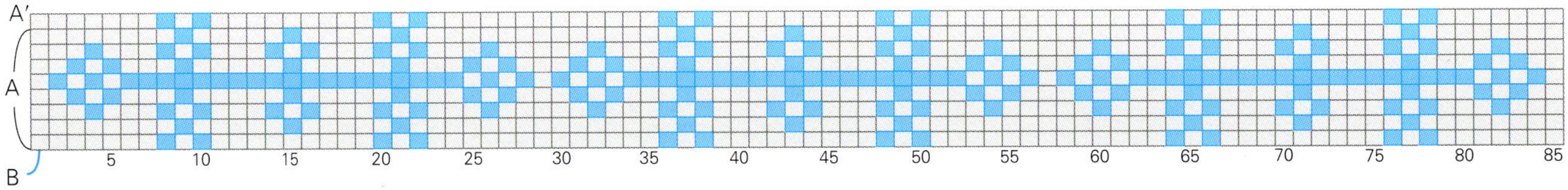

107 A、A′ 白色（BLANC）
A= 180cm 4根，A′=100cm 1根
B 天蓝色（3844）=280cm 1根
※ 首结处做成环形（参照P.5）。

108 A、A′ 浅绿色（912） A= 120cm 8根，A′=120cm 1根
B 桃红色（602）=280cm 1根
※ 首结和尾结编成三股辫。

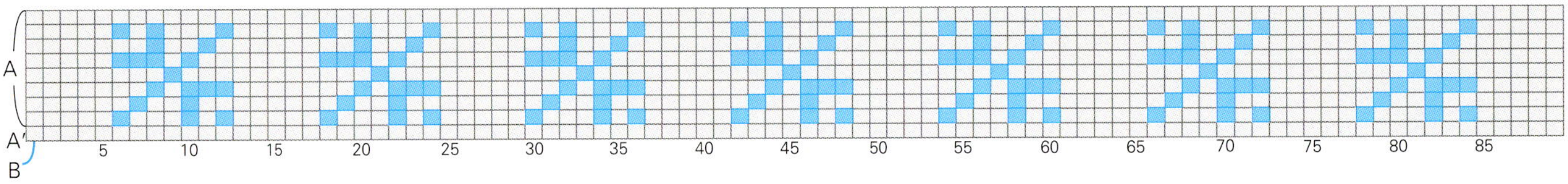

109 A 桔梗色（550）=120cm 5根
B 鲜红色（815）=120cm 4根
C 凤梨色（726）=280cm 1根

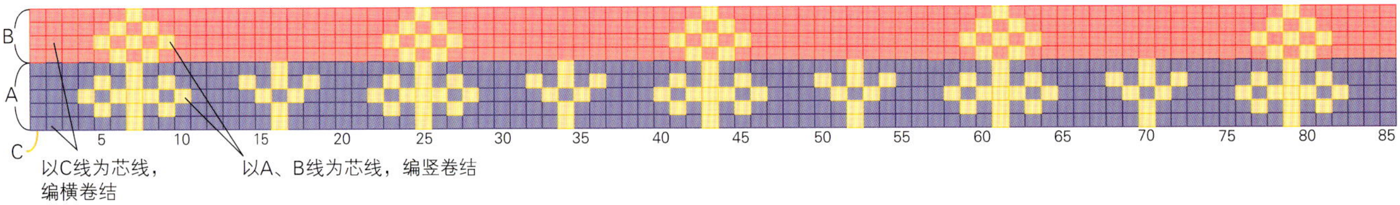

110 A、A′ 土褐色（3031） A= 160cm 2根，A′=100cm 1根
B 深桃红色（3607）=160cm 2根
C 青竹色（702）=630cm 1根
※ 首结处做成环形（参照P.5）。

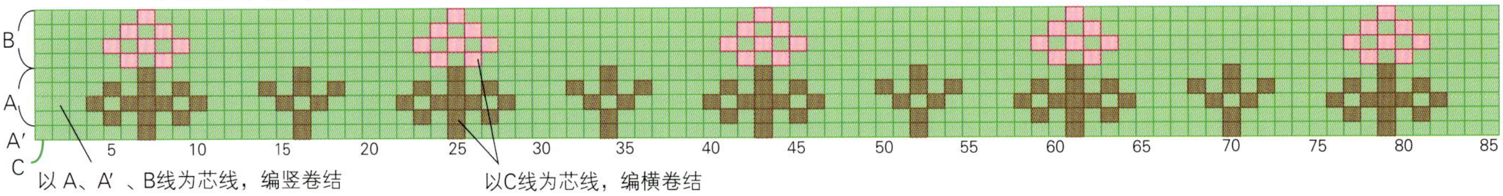

111
- A 灰青色（3072）= 120cm 9根 □
- B 中国红色（351）=300cm 1根 ■

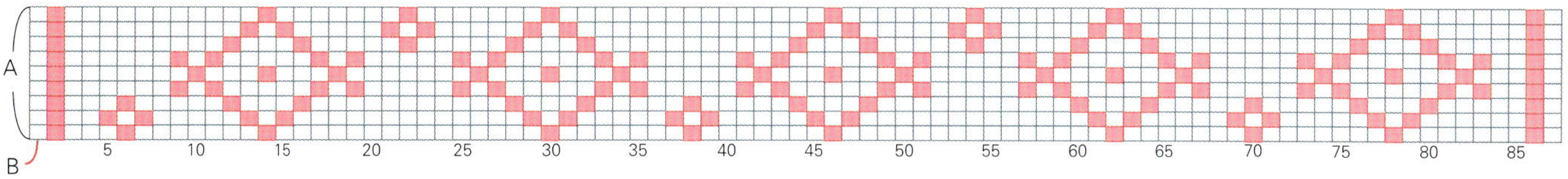

112
- A、A′ 桔梗色（550）A= 160cm 4根
- A′ =100cm 1根 ■
- B 亮粉色（3609）=390cm 1根 □

※ 首结处做成环形（参照P.5）。

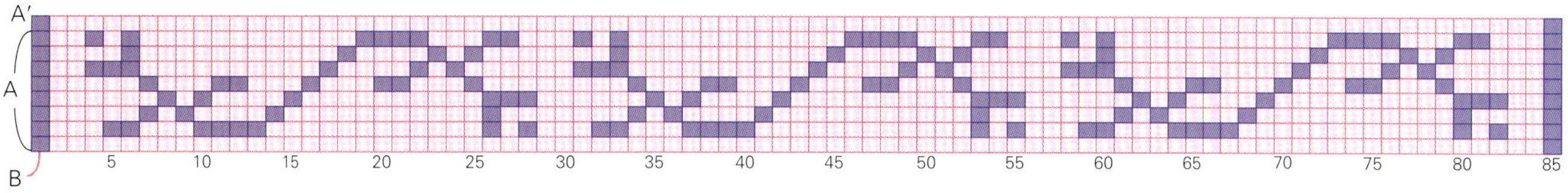

※ 上接 P.31。

63
- A 粉紫色（603）= 60cm 2根
- A′ 黑色（310）= 60cm 7根
- A″ 烟灰粉色（3689）=60cm 2根
- B 黑色（310）=570cm 1根 ■
- C 烟灰粉色（3689）=320cm 1根 □
- D 粉紫色（603）=250cm 1根 ■

64
- A 段染黄色、蓝色（4060）= 60cm 11根
- B 深琥珀色（444）=450cm 1根 ■
- C 荧光绿色（Fluo/Green）=340cm 1根 ■
- D 藏青色（823）=100cm 1根 ■

65
- A 中国红色（351）= 60cm 4根
- A′ 段染黄色、茶色（4126）= 60cm 3根
- A″ 暗红色（814）=60cm 4根
- B 米色（746）=500cm 1根 □
- C 亮黄绿色（907）=360 cm 1根 □

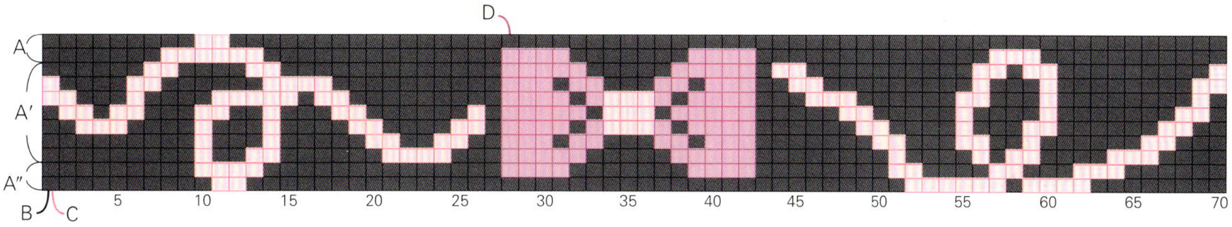

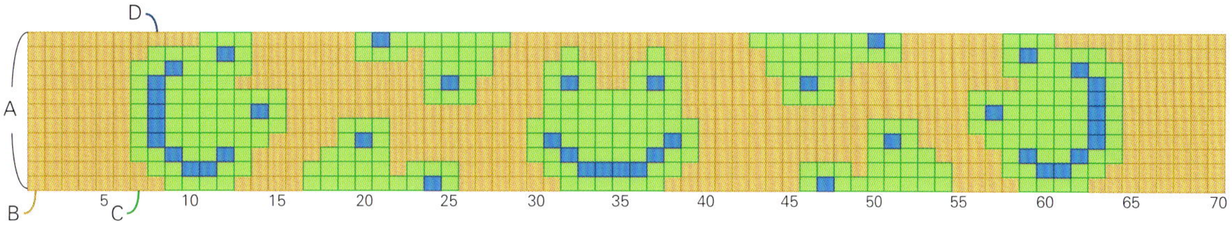

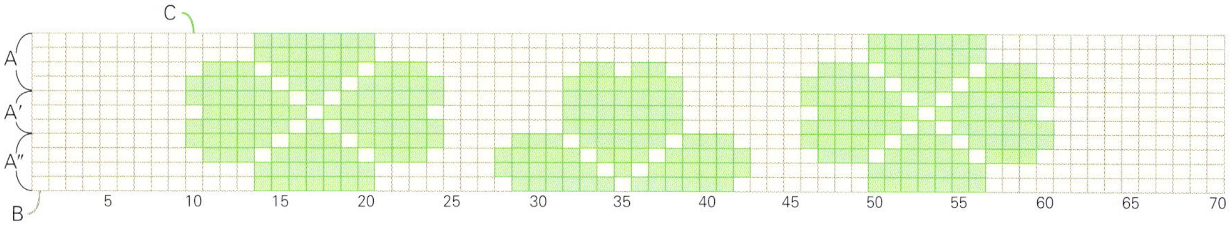

第 12 课

四季图案

从孩子到大人，大家心中都有所期待的事物，把这些当作花样制作手链。用科芬特里编结法（参照P.9）制作。

设计 CIELO☆yuming

做法 → P.47

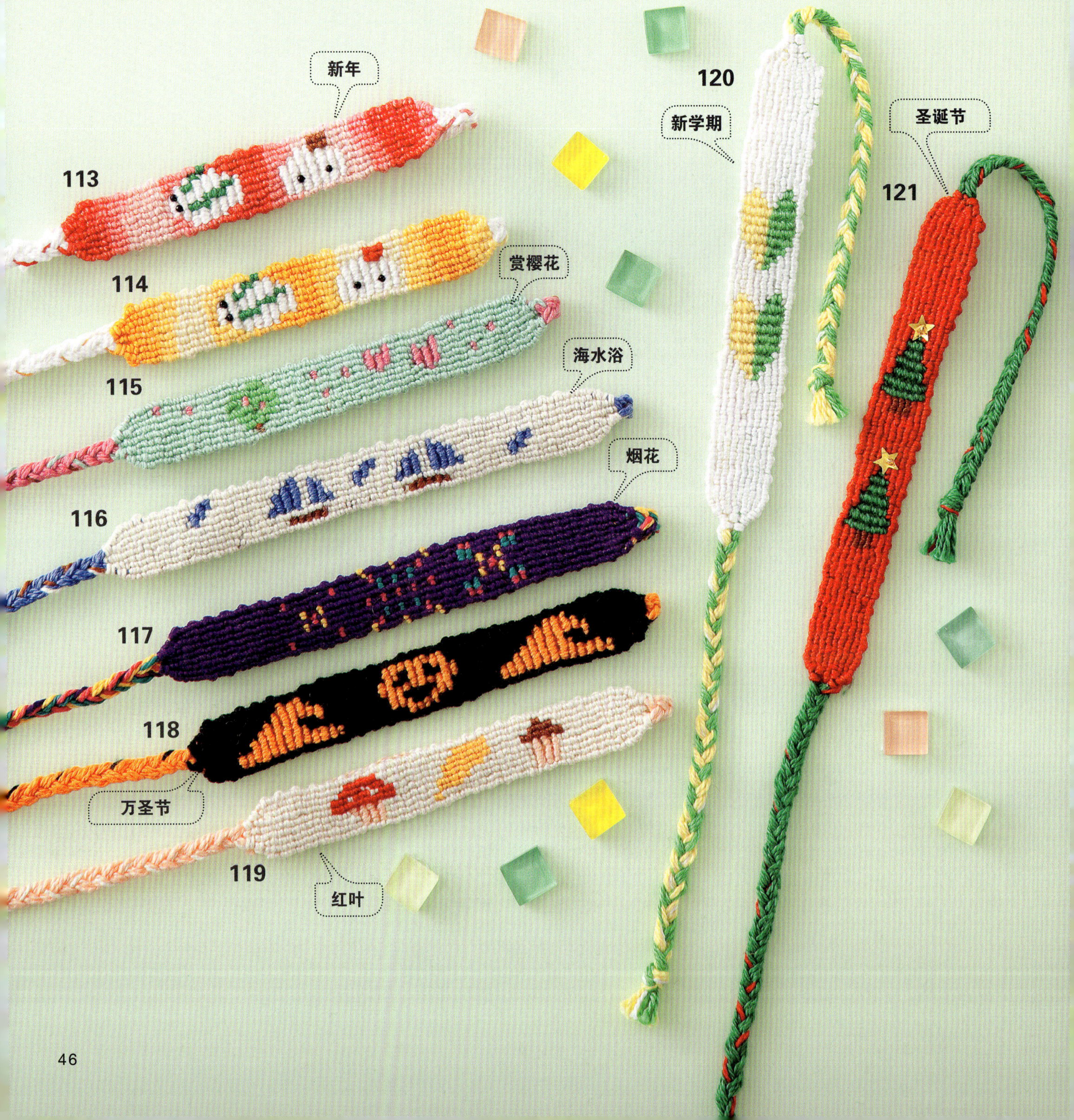

制作方法

113 ~ 121 P.46

材料▶DMC刺绣线[炫彩线36根1包"PASTEL"（彩色）]，各种珠子（详见图内）、极小的珠子、亮片饰物

成品尺寸▶两端三股辫部分各10cm、手链部分参照图内

制作要点▶图案中的一个方格就是一个结扣。尾结和首结处把芯线挽成一束，编单结（参照P.5）。参照制作图，用横卷结和竖卷结完成图案。

编法通用

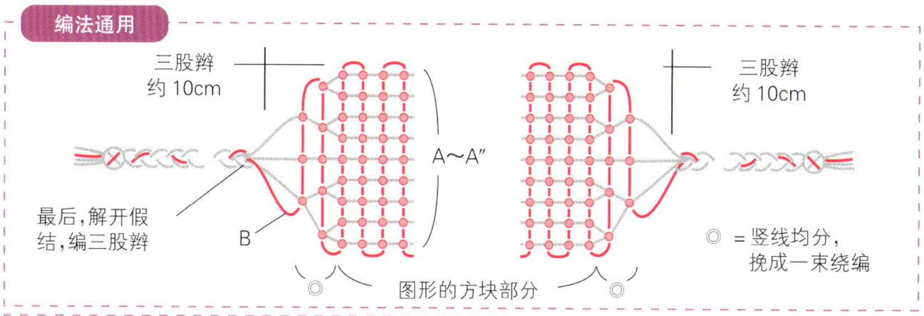

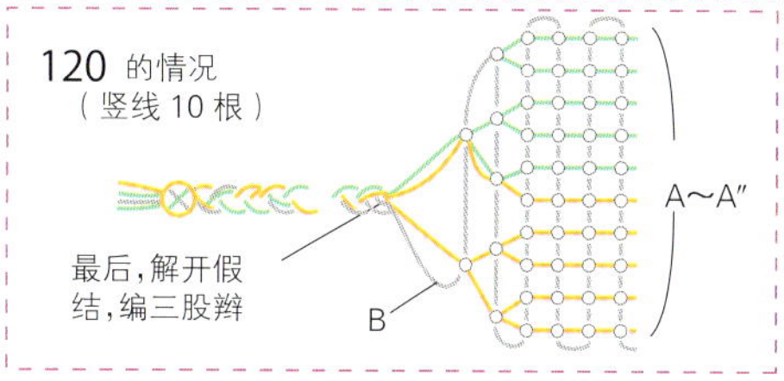

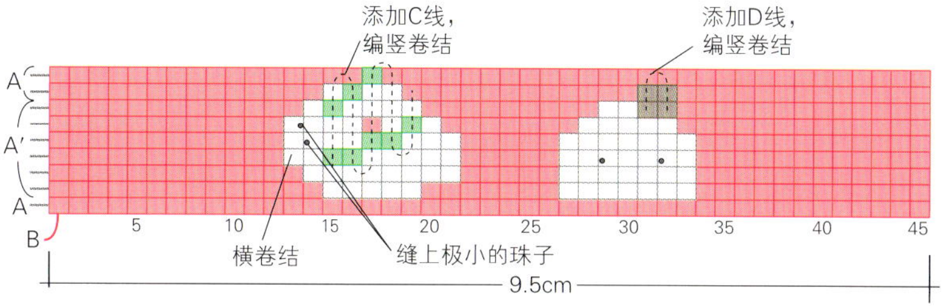

113
- A、A′ 白色 A= 65cm 3根
- A′=80cm 6根
- B 红色渐变色=340cm 1根
- C 绿色=少量
- D 茶色=少量
- 极小的珠子（黑色）4颗

114
- A、A′ 白色 A= 65cm 3根
- A′=80cm 6根
- B 黄色渐变色=340cm 1根
- C 绿色=少量
- D 红色=少量
- 极小的珠子（黑色）4颗

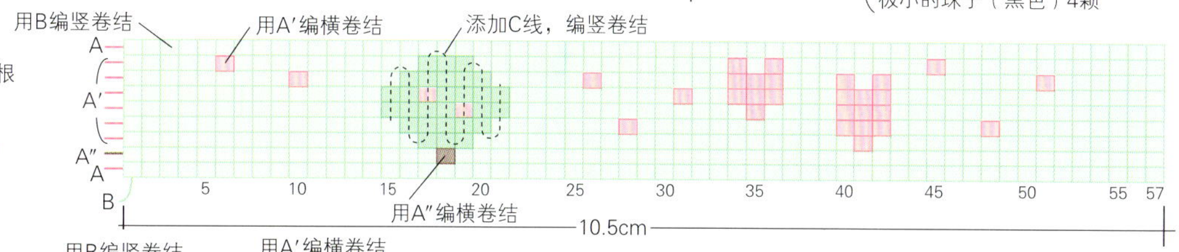

115
- A、A′ 粉红色 A= 60cm 2根
- A′=80cm 6根
- A″ 茶色=60cm 1根
- B 茶绿色=460cm 1根
- C 黄绿色=50cm 1根

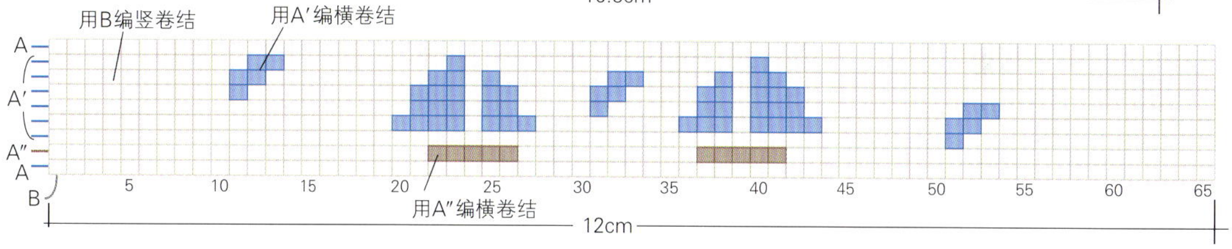

116
- A、A′ 蓝色
- A=60cm 3根
- A′=80cm 5根
- A″ 茶色=80cm 1根
- B 原色=510cm 1根

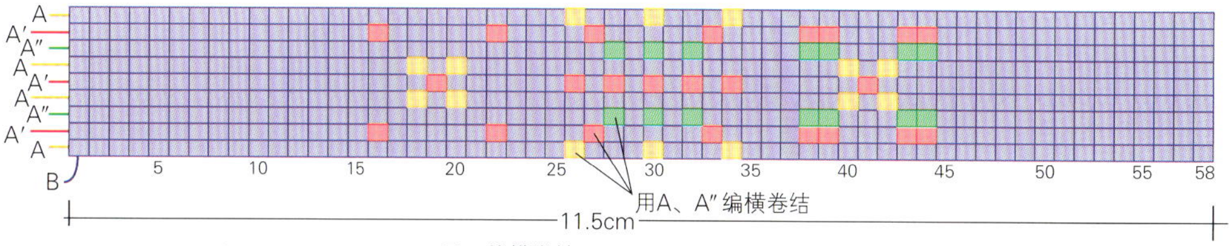

117
- A 黄色=80cm 4根
- A′ 红色=80cm 3根
- A″ 绿色=80cm 2根
- B 紫色=500cm 1根

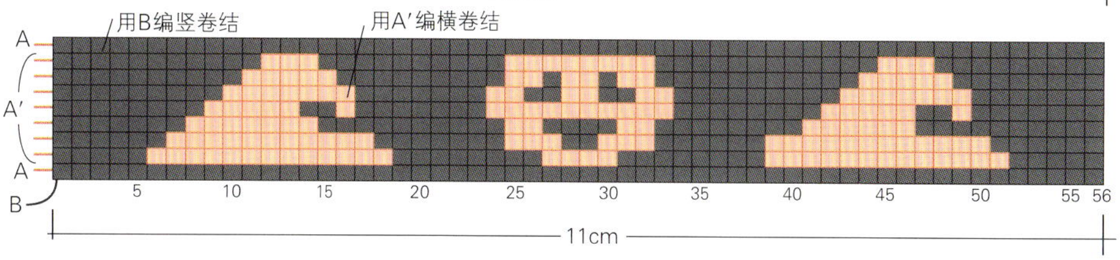

118
- A、A′ 橘色 A= 60cm 2根
- A′=80cm 7根
- B 黑色=420cm 1根

※ 119 ~ 121 在 P.55。

第 13 课

祝福语

仅仅一句话，就能从中受到鼓励，获得勇气。手链虽小，威力无限。此款手链饱含心意，可以送给重要的人。

设计　西胁美佐

做法 → **P.50**

122

123

124

125

126

设计　井川麻由美

做法 → P.51

制作方法

122 ~ 133 P.48、49

材料▶DMC刺绣线

成品尺寸▶除作品124之外，两端三股辫部分各10cm，作品124尾结处三股辫部分约为10cm。作品122～126的手链部分见图内标注，作品127～133约14cm。

做法要点▶编法与P.9的科芬特里编结法相同。尾结和首结处（参照P.5）编成三股辫。只有作品124，首结处做成三股辫的环（参照P.5）。

122、123、125、126 {A＝90cm 9根 / B＝800cm 1根}

124 {A＝180cm 4根 / B＝890cm 1根}

127～133 {A＝85cm 9根 / B＝700cm 1根}

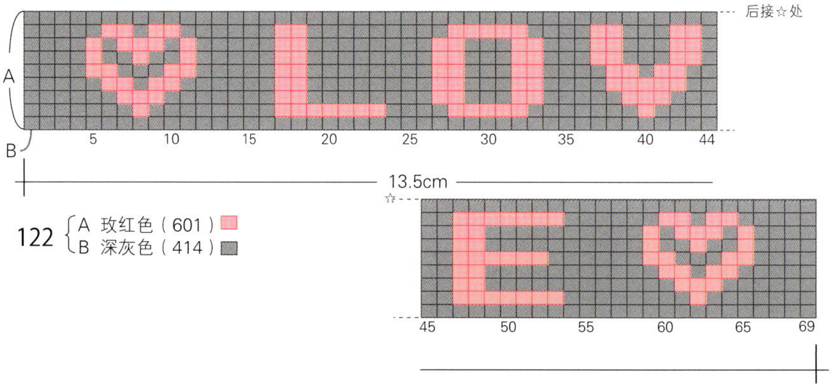

122 {A 玫红色（601） / B 深灰色（414）}

123 {A 凤梨色（726） / B 草莓色（917）}

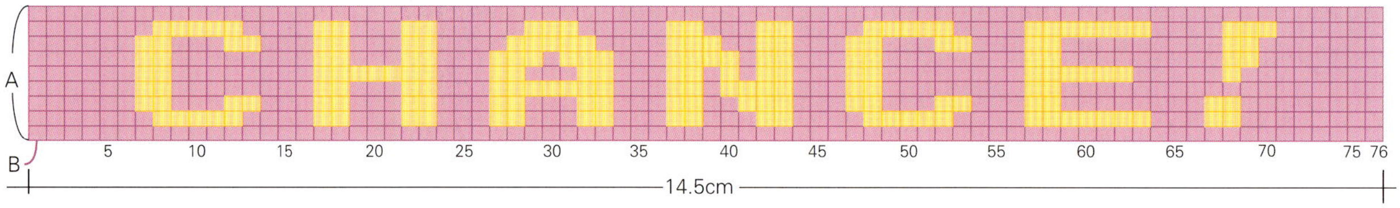

124 {A 丁香色（210） / B 宝蓝色（820）}

※ 首结处做成环形（参照P.5），尾结处编成两根三股辫。

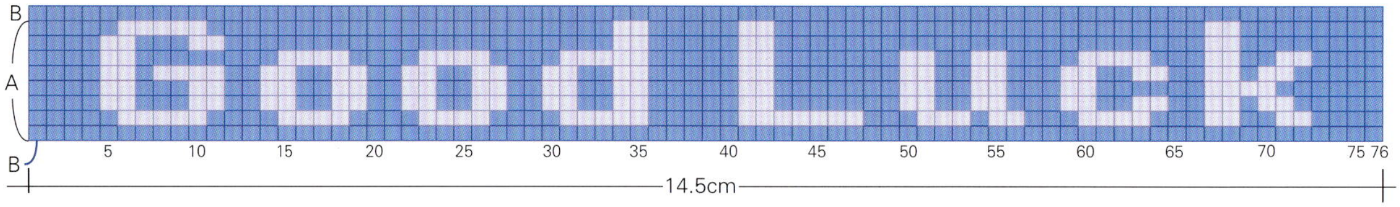

125 {A 信号灯绿色（909） / B 赤红色（946）}

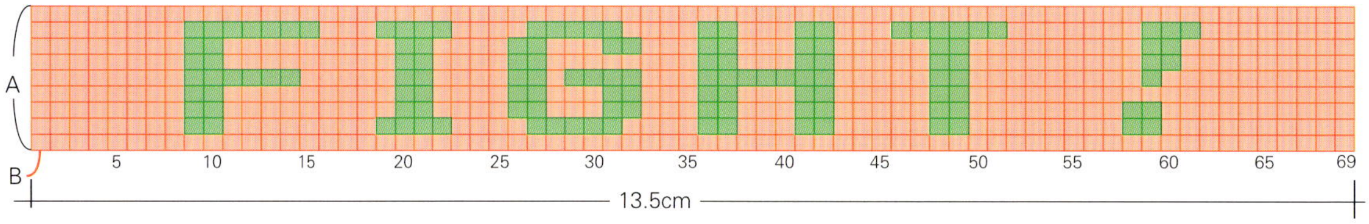

126 {A 蔚蓝色（3843） / B 绿色（699）}

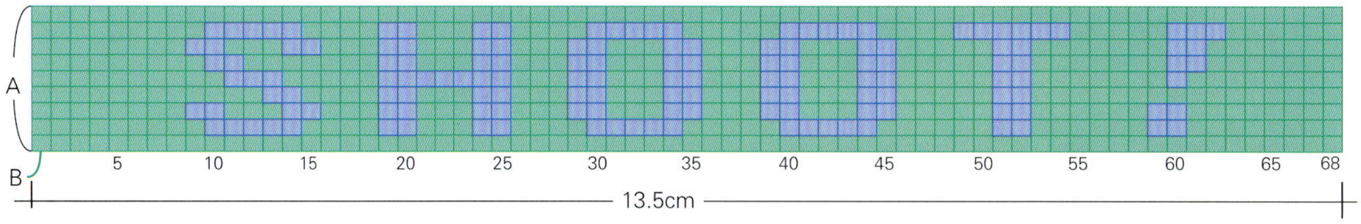

127 A 丁香色（210）
B 蒲公英色（725）

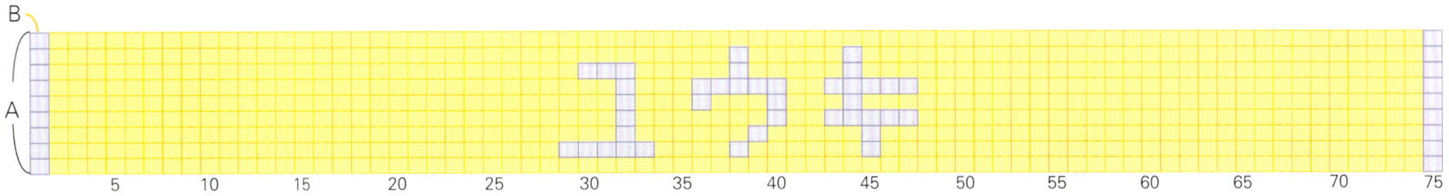

128 A 天蓝色（3846）
B 白色（3865）

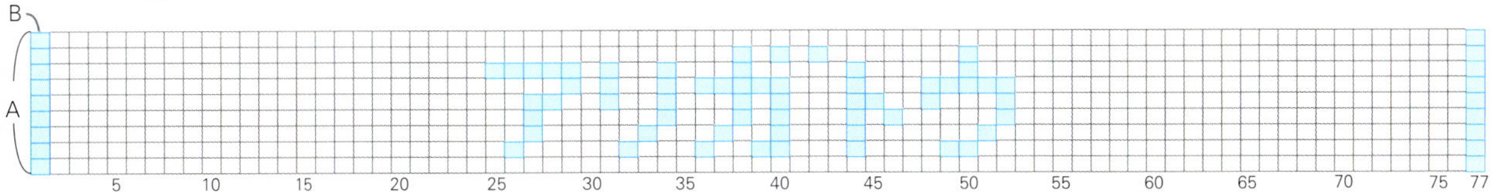

129 A 灰青色（3072）
B 黄绿色（906）

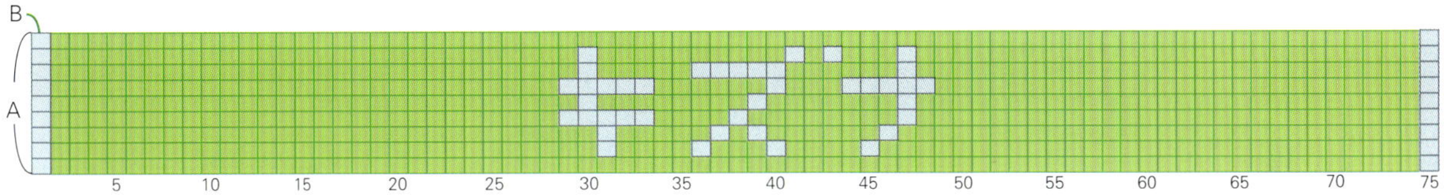

130 A 草莓色（917）
B 浅驼色（842）

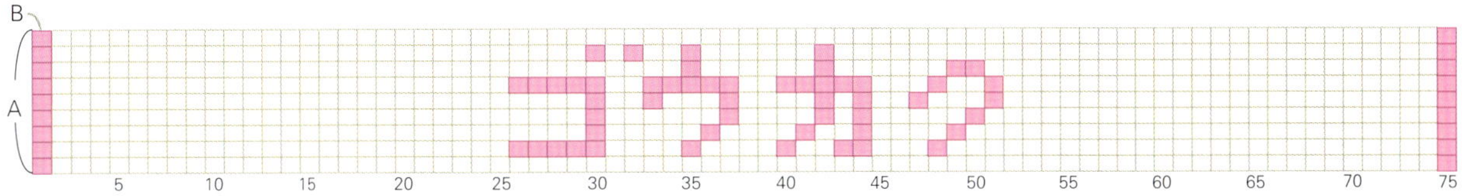

131 A 烟灰粉色（3689）
B 浅薰衣草色（156）

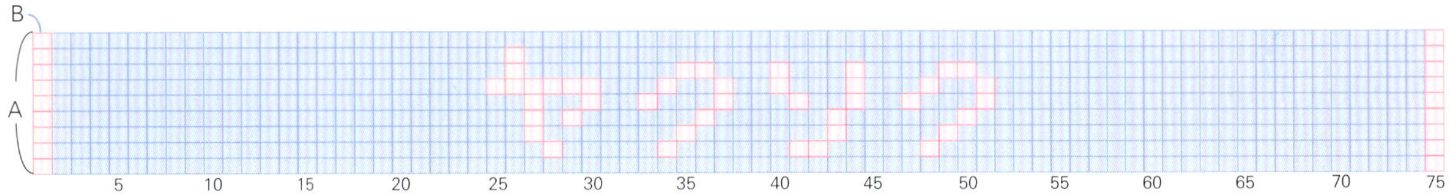

132 A 浅茶绿色（369）
B 橘粉色（956）

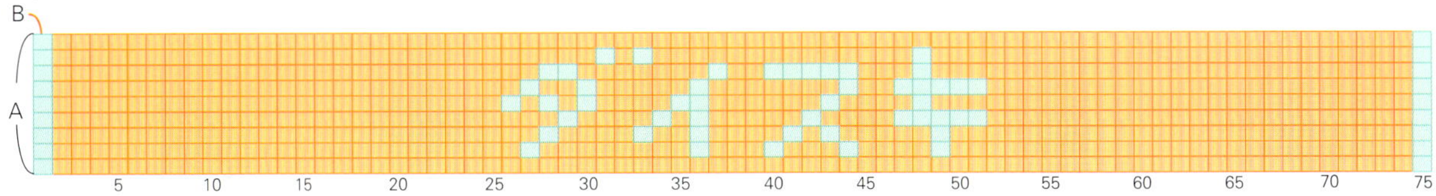

133 A 亮黄色（973）
B 蓝绿色（3812）

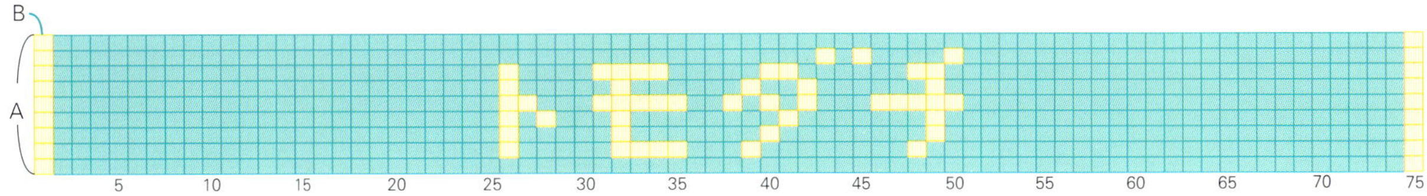

A

第 14 课

字母和数字

如果想把自己的话编在手链上，就推荐这款。因为可以自由组合，所以很容易在手链上编织出名字或者英文句子等图案。

设计　齐藤惠子　中之森路子

做法 → P.54、55

134

135

136

137

138

139

140

141

142

✂ 制作方法

134 ～ 142 P.52、53

材料▶DMC 刺绣线［炫彩线 36 根 1 包“Surf’s up”（冲浪企鹅）］，炫彩线 105 根 特大包。

做法要点▶结法与 P.9 的科芬特里编结法相同。图案中的一个方格就是一个结扣。以制作图为参照，底线出现 B 色时编竖卷结，文字的 A、A′出现时编横卷结。作品是字母和数字的组合，请自由组合，编织出只属于自己的特色手链。

134～137、141、142 通用 {A、A′=50cm 2根， A′= 70cm 7根 / B =520cm 1根

※ 除此之外，在各图中标注。

134 {A、A′ 象牙白色 / B 浅紫色

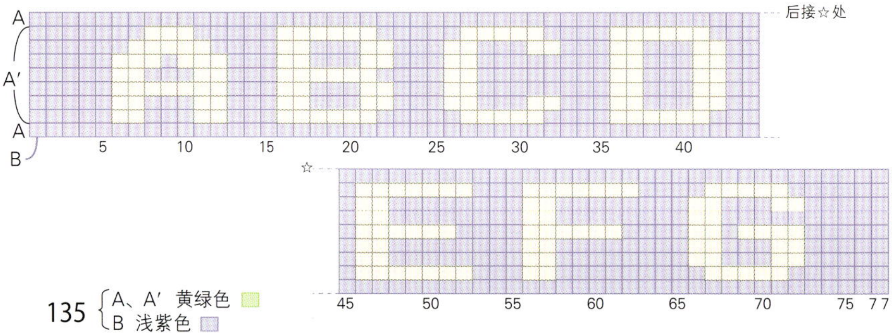

135 {A、A′ 黄绿色 / B 浅紫色

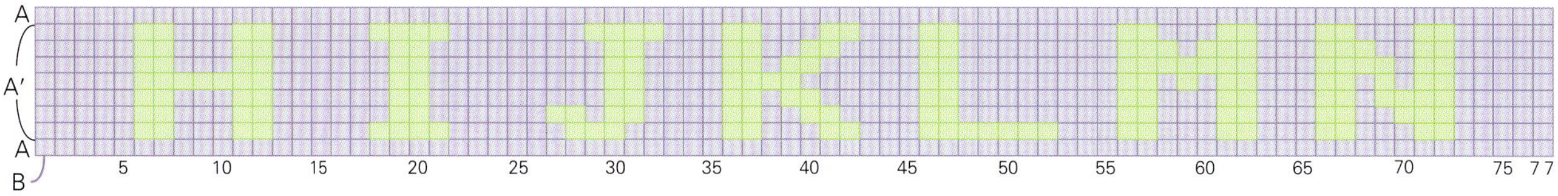

136 {A、A′ 橘色 / B 紫色

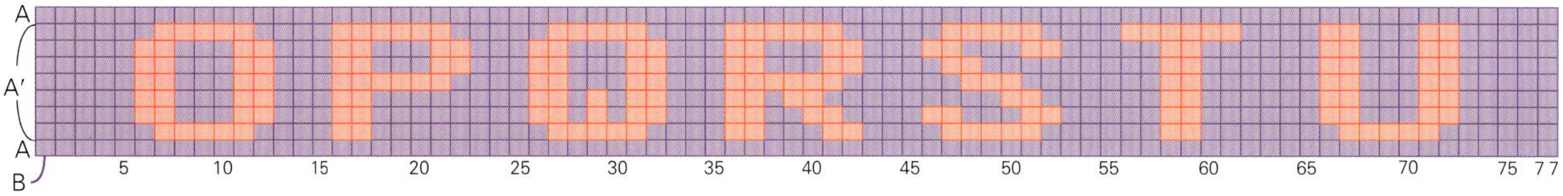

137 {A、A′ 粉红色 / B 紫色

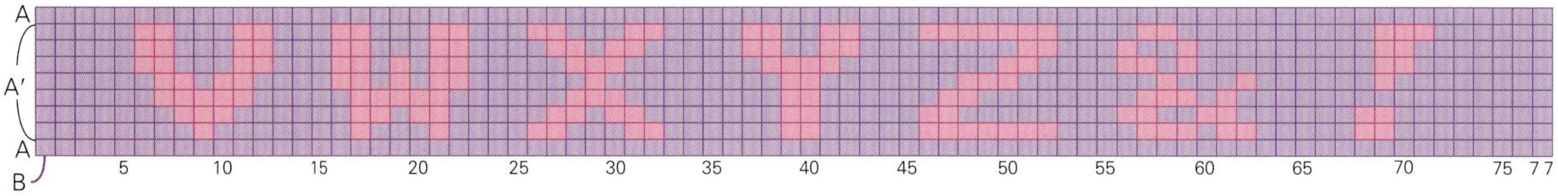

141 {A、A′ 段染粉色、黄色、黄绿色 / B 紫红色

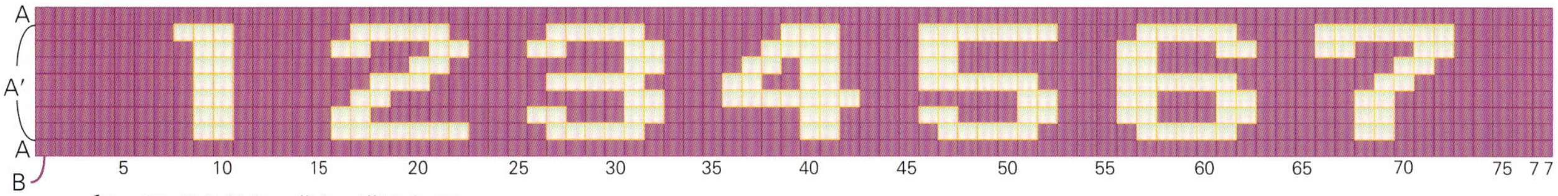

142 {A、A′ 段染粉色、黄色、黄绿色 / B 紫红色

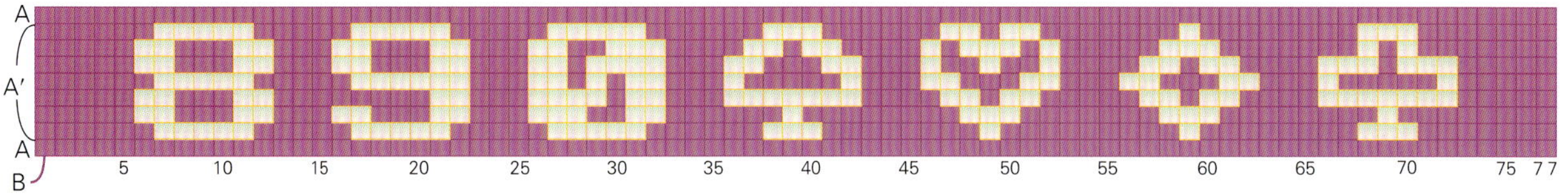

138 A、A′ 浅粉色 A= 60cm 4根，A′= 75cm 5根
B 蓝色=580cm 1根

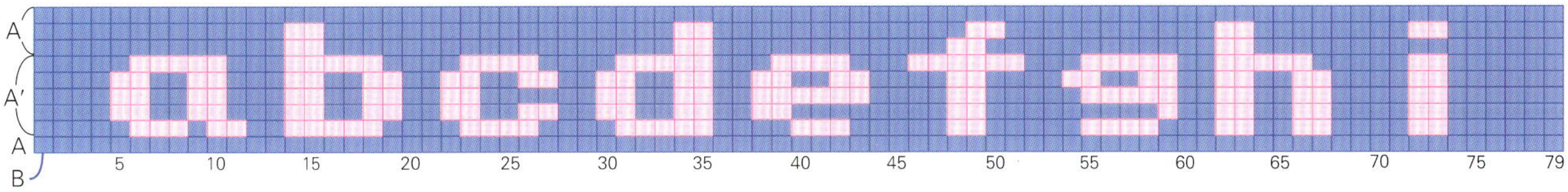

139 A、A′ 深黄绿色 A= 60cm 4根，A′= 80cm 5根
B 蓝色=580cm 1根

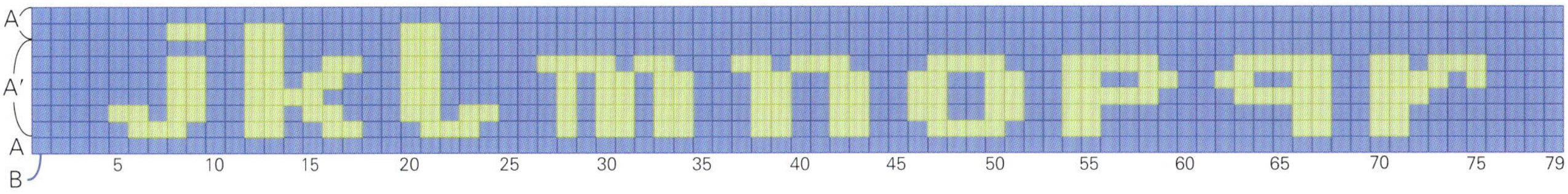

140 A、A′ 红色 A= 60cm 4根，A′= 75cm 5根
B 蓝色=520cm 1根

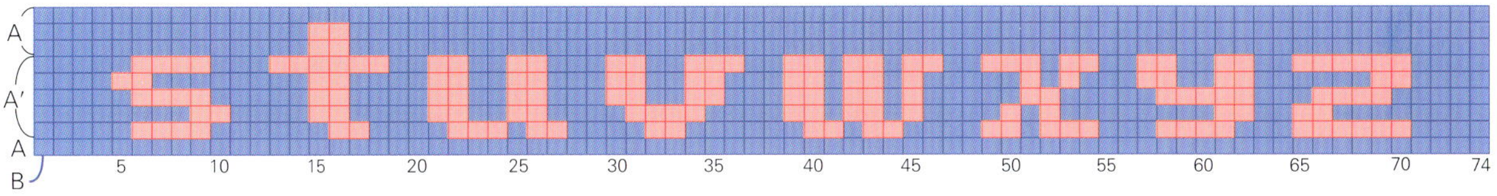

※ 上接P.47。

119 A、A′ 粉色 A= 60cm 5根，
A′ =70cm 4根
B 原色 =390cm 1根
C 红色=40cm 1根
D 黄色=40cm 1根
E 茶色=40cm 1根

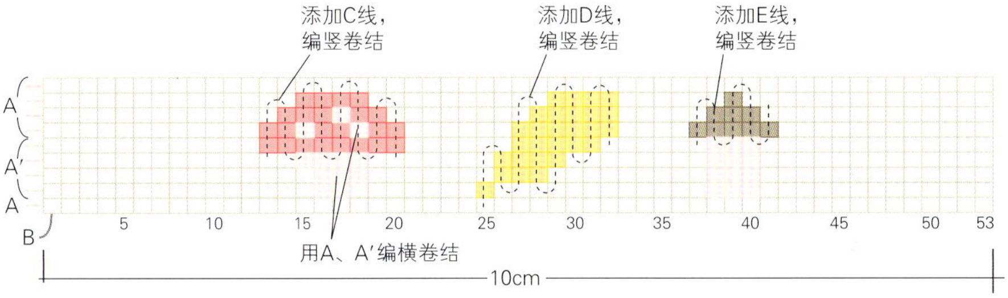

120 A、A′ 黄绿色
A＝60cm 1根，A′=80cm 4根
A″、A‴ 黄色 A″=60 cm 1根
A‴ ＝80cm 4根
B 白色=500cm 1根

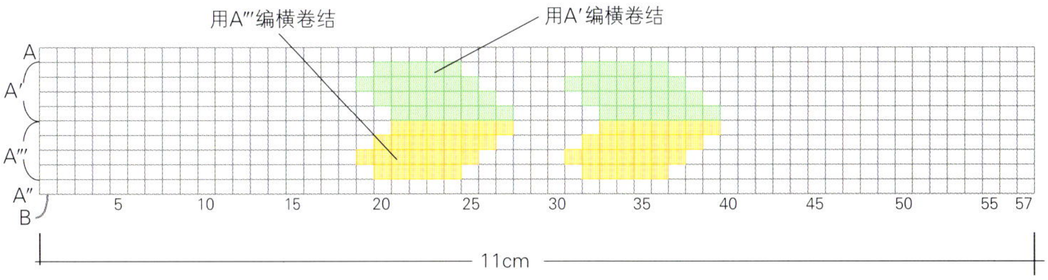

121 A～A″ 绿色 A= 60cm 2根，
A′＝70cm 2根，A″=80cm 5根
B 红色=480cm 1根
C 茶色=20cm
星形亮片（金色） 2个
极小的珠子（金色） 2颗

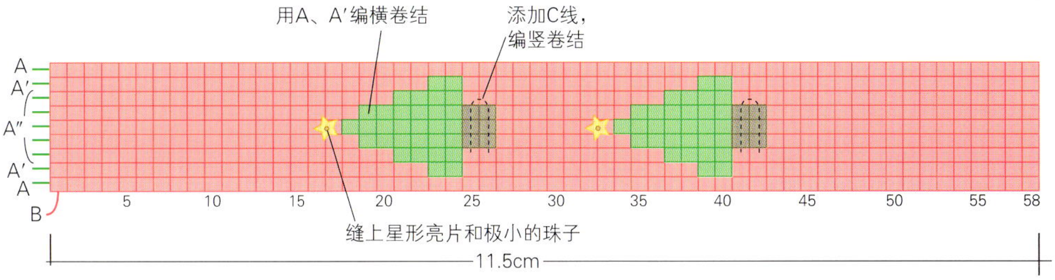

用麻线编手链

用简单易行的平结和环结做手链。素朴的麻线所做的手链，活跃在运动场等场合。男士佩戴也很酷、很合适！

第 15 课

双面两用型

结法只用到简单的“平结”。掌握好尺寸，可以编成成对的男女用也很不错。粗的男士用，细的女士用。

设计　Marchen Art工作室

做法 → P.57

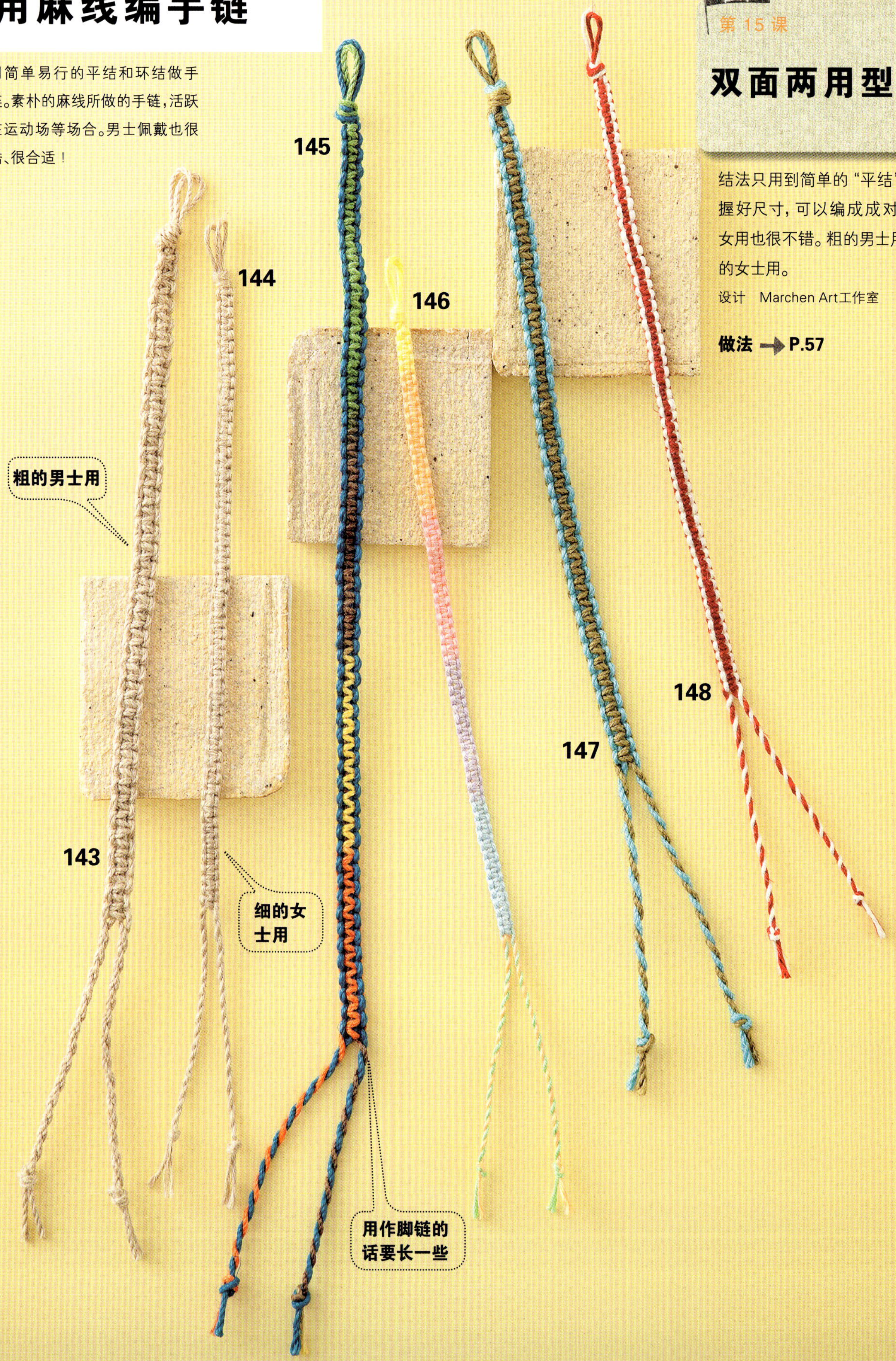

制作方法

143 ~ 148 P.56

材料▶彩色抛光麻绳　细、中粗
成品尺寸▶男士用的作品143、147，约26cm；女士用的作品144、146、148，约24cm；作为脚链用的作品145约34cm
做法要点▶将2根绳子摆齐，做成环，编单结，编平结(参照P.58)。尾结处把麻绳2根2根地分开，拧搓，每2根绳子编单结(参照p.5)。

143 彩色抛光麻绳　中粗
亚麻色（361）=160cm　2根

144 彩色抛光麻绳　细
亚麻色（361）=140cm　2根

145 彩色抛光麻绳　中粗
民族风段染（372）、
湖蓝色（330）=210cm　各1根

146 彩色抛光麻绳　细
彩虹段染（379）=140cm　2根
※ 修剪绳子，使2根绳子的颜色顺序一致。

147 彩色抛光麻绳　中粗
苔绿色（323）、
浅湖蓝色（337）=160cm　各1根

148 彩色抛光麻绳　细
红色（329）、
白色（321）=140cm　各1根

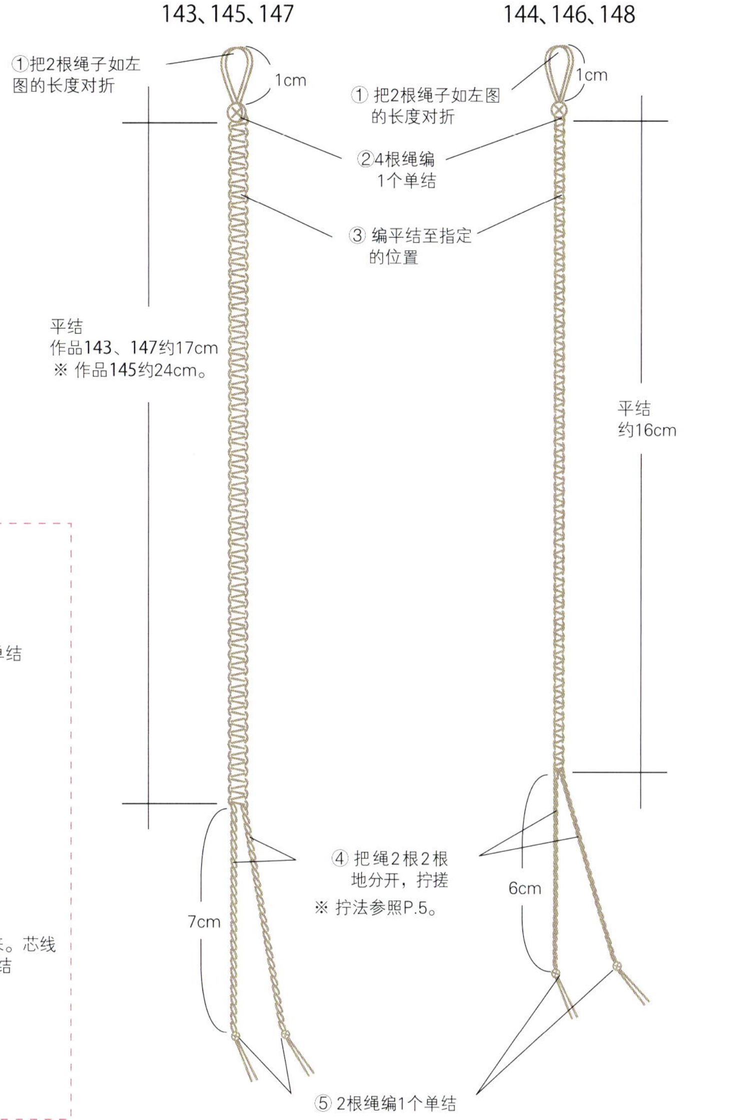

143、145、147
144、146、148
①把2根绳子如左图的长度对折
1cm
②4根绳编1个单结
③编平结至指定的位置
平结
作品143、147约17cm
※ 作品145约24cm。
平结
约16cm
④把绳2根2根地分开，拧搓
※ 拧法参照P.5。
7cm
6cm
⑤2根绳编1个单结

首结处

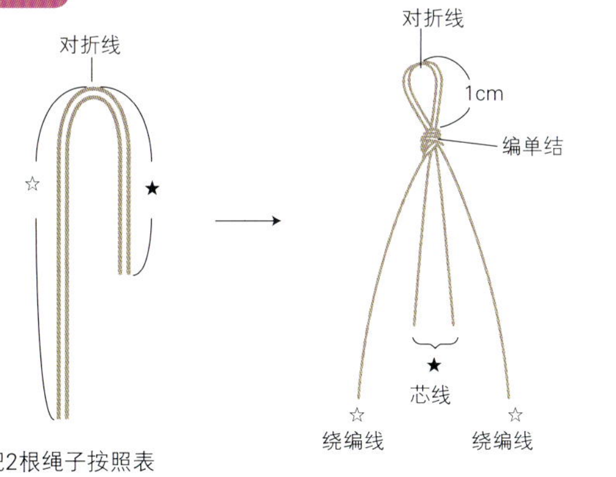

对折线
☆
★
对折线
1cm
编单结
★
芯线
☆
绕编线
☆
绕编线

把2根绳子按照表格中的长度对折

用4根绳编单结，挽起来。芯线和结绳分开，继续编平结

	★	☆
143、147	50cm	110cm
144、146、148	40cm	100cm
145	60cm	150cm

步骤

平结

是制作简便的麻线手链的代表结法。编织线只要2根。将线对折，开始编结。

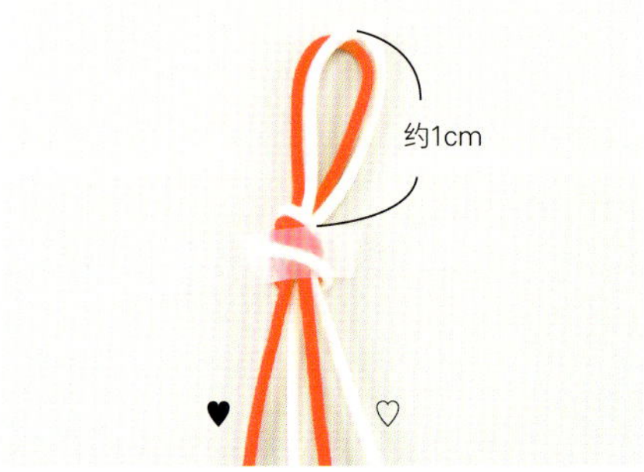

1 把2根麻绳叠放在一起，参照P.57的首结，对折，环的部分留出约1cm，编单结。

2 ♥线放在芯线上，♡线放在上面。

3 ♡线从芯线下方穿过，从♥线的环中穿过，左右拉紧绳子。

4 把线拉好。平结的一半就完成了。

5 然后，把右端的♥线放在芯线上，♡线放在上面。

6 ♡线从芯线下方穿过，从♥线的环中穿过，拉紧。

7 完成了1个平结。

8 重复步骤2～6，编平结至必要的位置。

★花样的正、反面

正面

反面

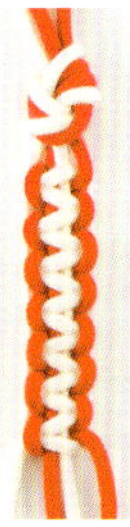

两边和中间的颜色，在正、反两面是相反的。以哪面为正面，随自己的喜好。

第 16 课

旋转风格

简单的“环结”制作的手链，由各国国旗颜色所定。一根太细，几根折合起来也很有型！螺旋状的结扣是要点。

设计　Marchen Art工作室

做法 → P.60

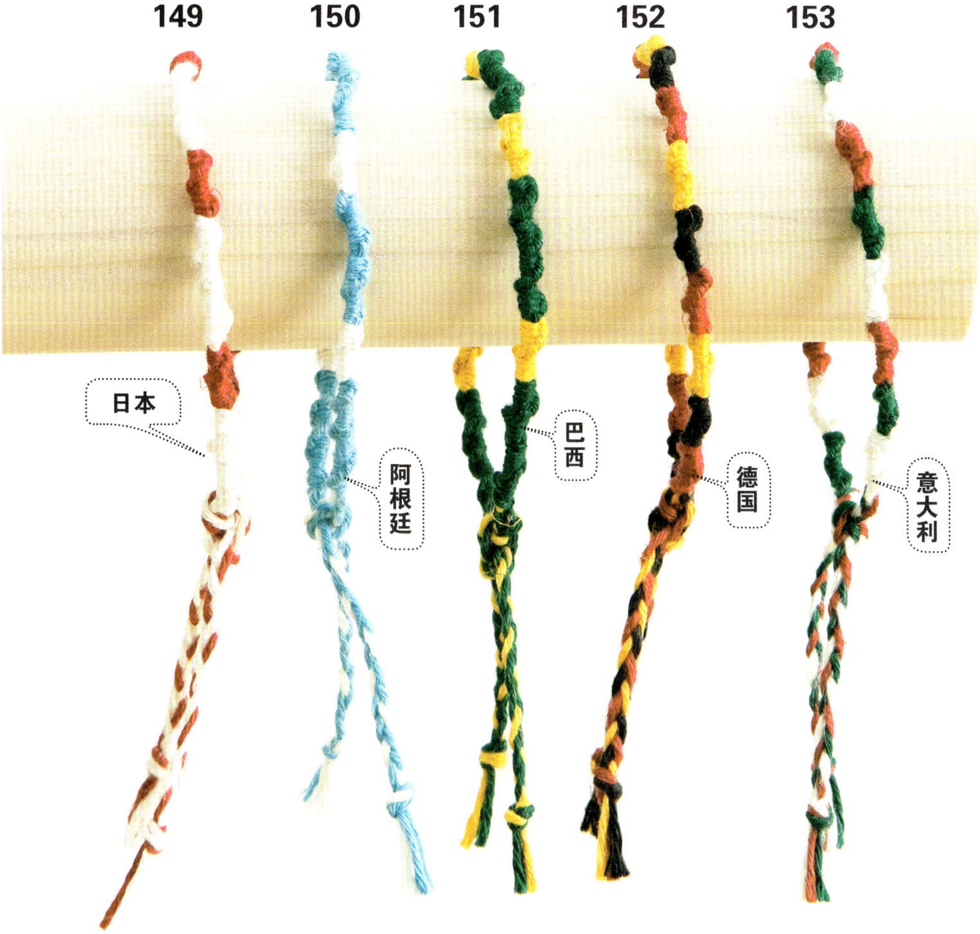

编得长一些，重叠起来也很不错哦！

制作方法

149 ~ 154 P.59

材料▶麻线 细
成品尺寸▶折合起来用的154约48cm，其余的约30cm
做法要点▶3根绳子编1个单结（假结），如图所示，编环结。两端编三股辫。

149 { 麻线 细
A、A′ 白色（321）=100cm 2根
B 红色（329）=100cm 1根

150 { 麻线 细
A、A′ 浅湖蓝色（337）=100cm 2根
B 白色（321）=100cm 1根

151 { 麻线 细
A、A′ 绿色（331）=100cm 2根
B 黄色（327）=100cm 1根

152 { 麻线 细
A 红色（329）=100cm 1根
B 黑色（326）=100cm 1根
C 黄色（327）=100cm 1根

153 { 麻线 细
A 白色（321）=100cm 1根
B 绿色（331）=100cm 1根
C 红色（329）=100cm 1根

154 { 麻线 细
A、A′ 湖蓝色（330）=180cm 2根
B 白色（321）=180cm 1根

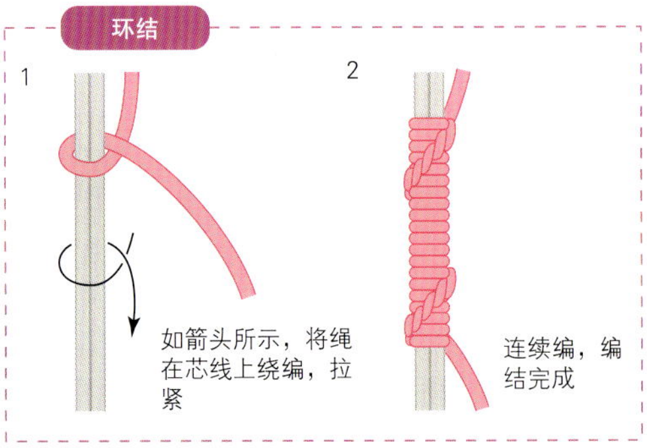

环结
1
如箭头所示，将绳在芯线上绕编，拉紧
2
连续编，编结完成

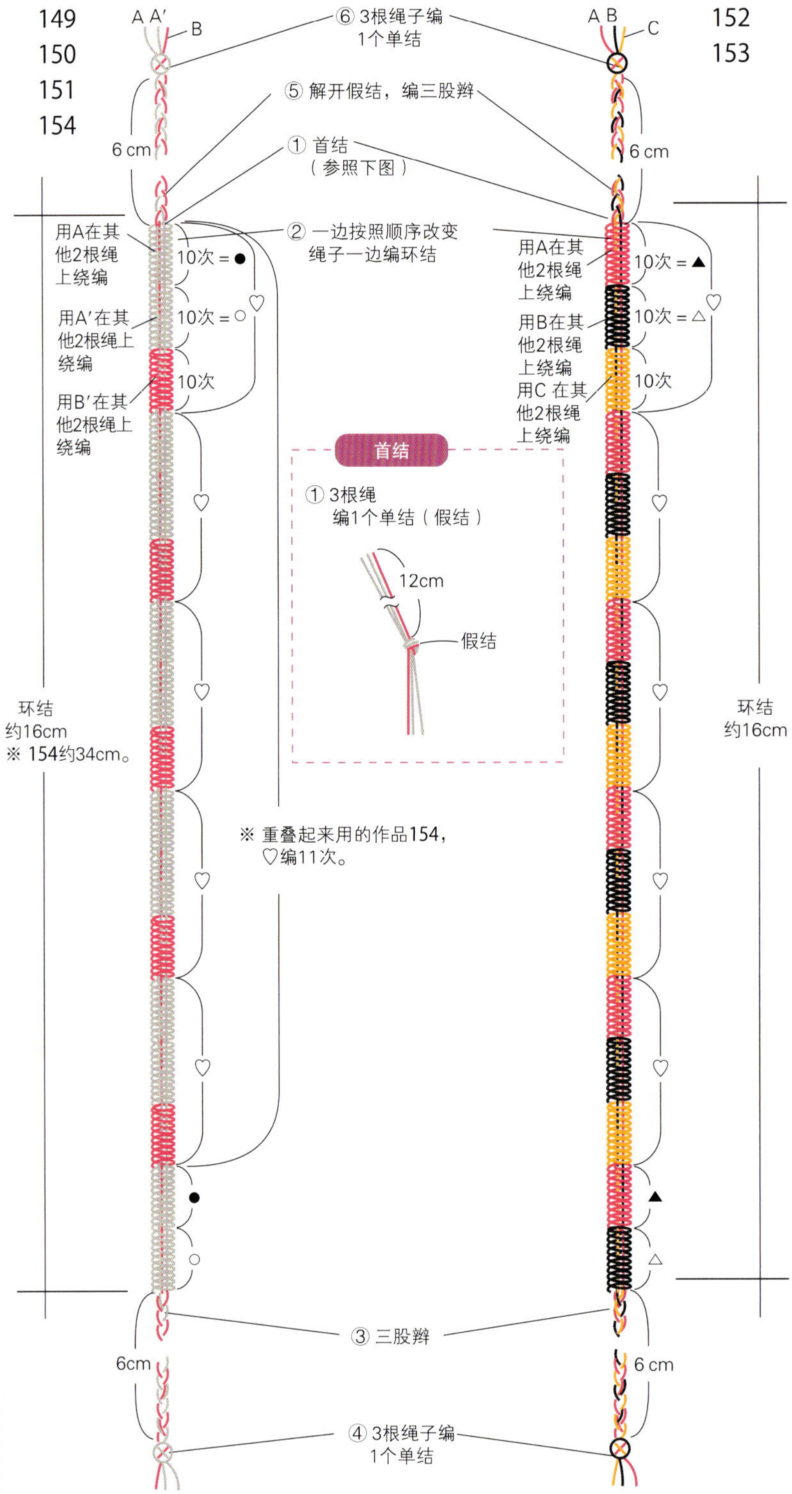

149
150
151
154
A A′
B
152
153
A B
C
⑥ 3根绳子编1个单结
⑤ 解开假结，编三股辫
① 首结（参照下图）
② 一边按照顺序改变绳子一边编环结
6 cm
用A在其他2根绳上绕编
10次 = ●
用A′在其他2根绳上绕编
10次 = ○
用B′在其他2根绳上绕编
10次
♡
用B在其他2根绳上绕编
用C 在其他2根绳上绕编
10次 = ▲
10次 = △
环结 约16cm
※ 154约34cm。
※ 重叠起来用的作品154，♡编11次。
首结
① 3根绳编1个单结（假结）
12cm
假结
③ 三股辫
6cm
④ 3根绳子编1个单结

第 17 课

串珠风格

珠子穿在中间或者穿在两边，或者使用有文字的珠子。这些看起来很难，其实基本的结法只是平结，所以很容易就可以做好。

设计　Marchen Art工作室

做法 ➡ **P.62～64**

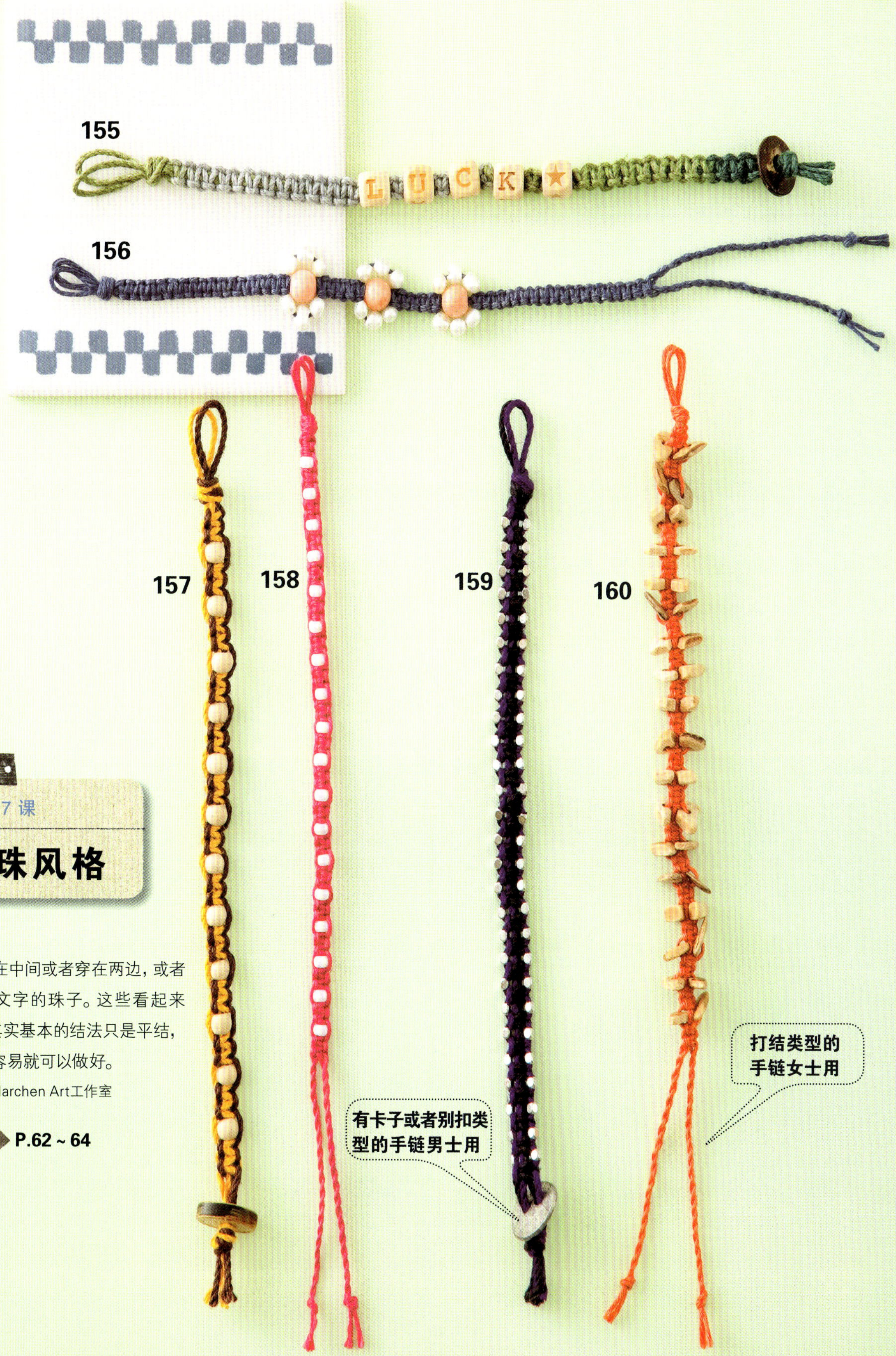

制作方法

155 ~ 160 P.61

材料▶麻线　细、中粗，各种珠子（详见图内）
成品尺寸▶男士用的作品155、157、159约20cm，女士用的作品156、158、160约24cm
做法要点▶2根绳子一起做成环，编1个单结。如图所示，一边穿入珠子，一边按照指定的数目编平结（参照P.58）。作品155、157、159在绳子上穿珠子、编单结，完成。作品156、158、160把绳子2根2根地均等分开，拧搓，编单结，完成。

155
- 麻线　中粗
- 绿色段染（376）120cm　2根
- 字母木珠L、U、C、K、☆　各1颗
- 椰子壳串珠（MA2224）1颗

156
- 麻线　细
- 蓝色（325）80cm　1根、180cm　1根
- 淡水珍珠S形　白色（AC704）　18颗
- 力量石（圆孔8mm）　粉色　（AC593）　3颗

※ 剪断绳子，使2根麻线的颜色一致。

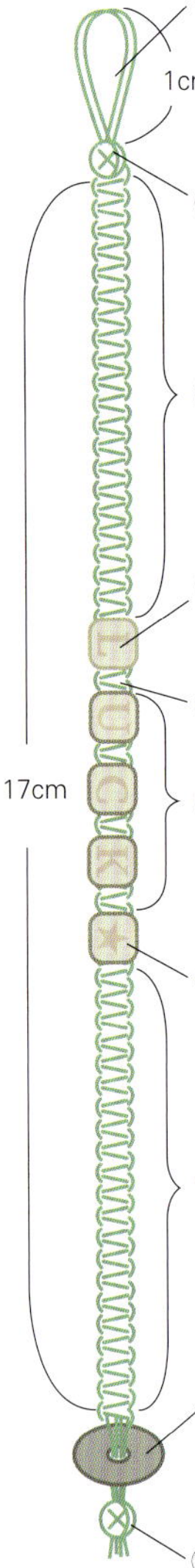

① 按照左图的长度，把2根绳子对折
1cm
② 4根绳子编1个单结
③ 短绳作为芯线，编平结5.5cm
④ 木珠（L）穿过4根绳子
⑤ 平结1次
17cm
⑥重复3次步骤④、⑤
※ 珠子按照U、C、K的顺序穿。
⑦木珠（☆）穿过4根绳子
⑧ 平结5.5cm
⑨ 椰子壳串珠穿过4根绳子
⑩ 4根绳子编1个单结

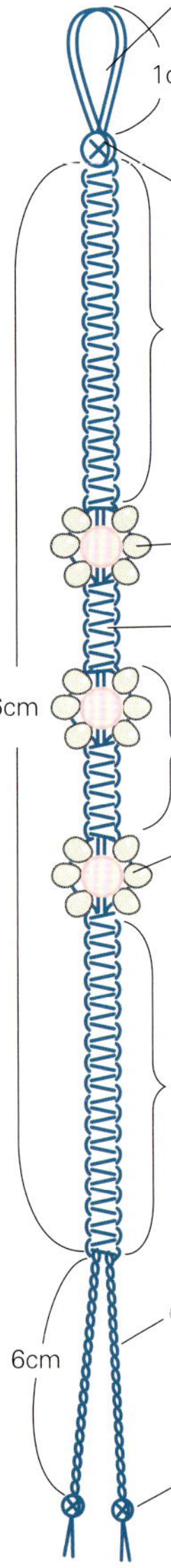

① 按照右图所示，把2根绳子从中间对折
1cm
② 4根绳子编1个单结
③ 短绳作为芯线，编平结5.5cm
④ 参照右图穿珠
⑤ 平结5次
16cm
⑥ 重复1次步骤④、⑤
⑦ 穿过珠子 ※同④。
⑧ 平结5cm
⑨ 把绳子2根2根均等分开，拧搓
6cm
⑩ 2根绳子编1个单结

首结

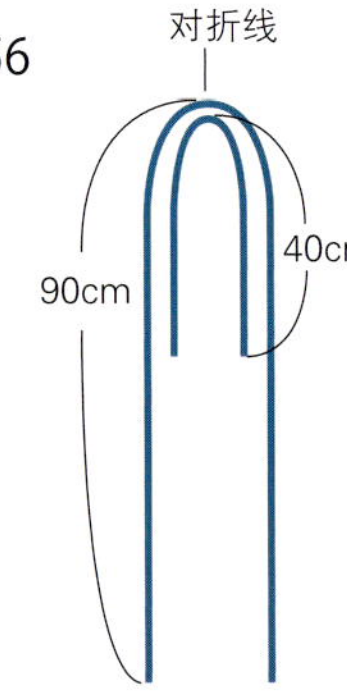

156
对折线
90cm
40cm

串珠的方法

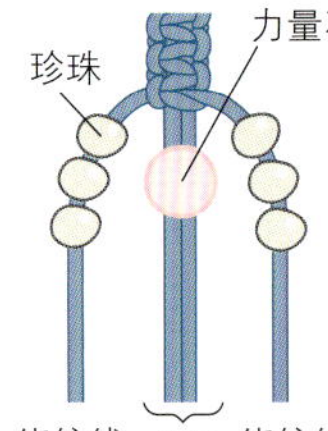

珍珠
力量石
绕编线
芯线
绕编线

平结编5cm后，在2根芯线上穿入1颗力量石，在左右绕编线上各穿入3颗珍珠

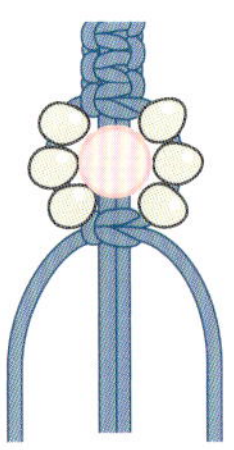

编下面的平结

首结

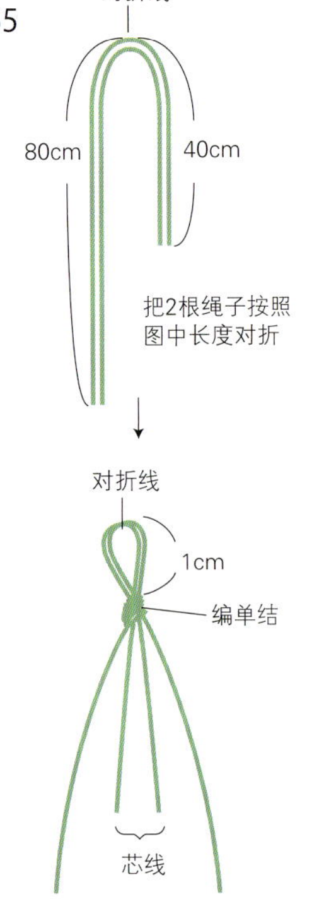

155
对折线
80cm
40cm
把2根绳子按照图中长度对折
对折线
1cm
编单结
芯线
绕编线
绕编线

用4根绳编单结，挽成一束。芯线和绕编线分开，往下编平结

157
麻线 中粗
深棕色（324）、黄色（327）110cm 各1根
直径6mm圆形木珠（W581） 12颗
骨珠 （AC1231） 1颗

158
麻线 细
洋红色（335）80cm 1根、160cm 1根
散装串珠<玻璃制>珍珠（AC1391） 18颗

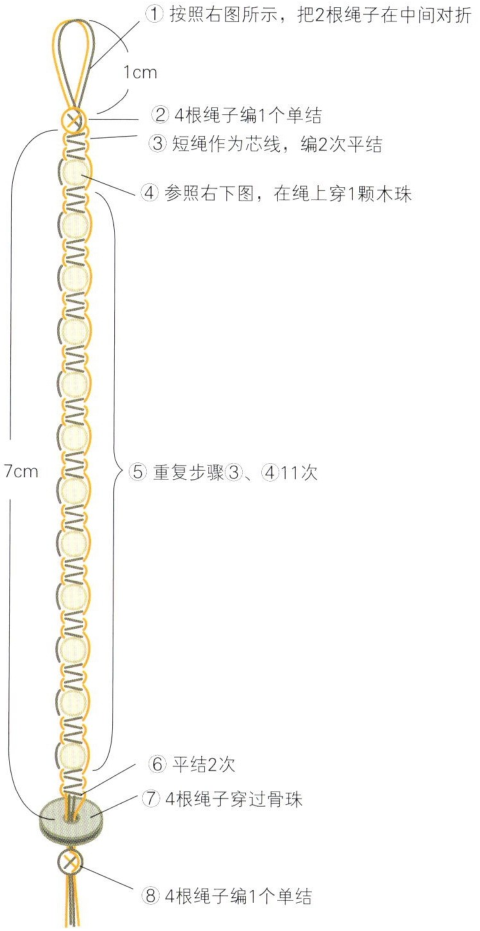

①按照右图所示，把2根绳子在中间对折
1cm
②4根绳子编1个单结
③短绳作为芯线，编2次平结
④参照右下图，在绳上穿1颗木珠
17cm
⑤重复步骤③、④11次
⑥平结2次
⑦4根绳子穿过骨珠
⑧4根绳子编1个单结

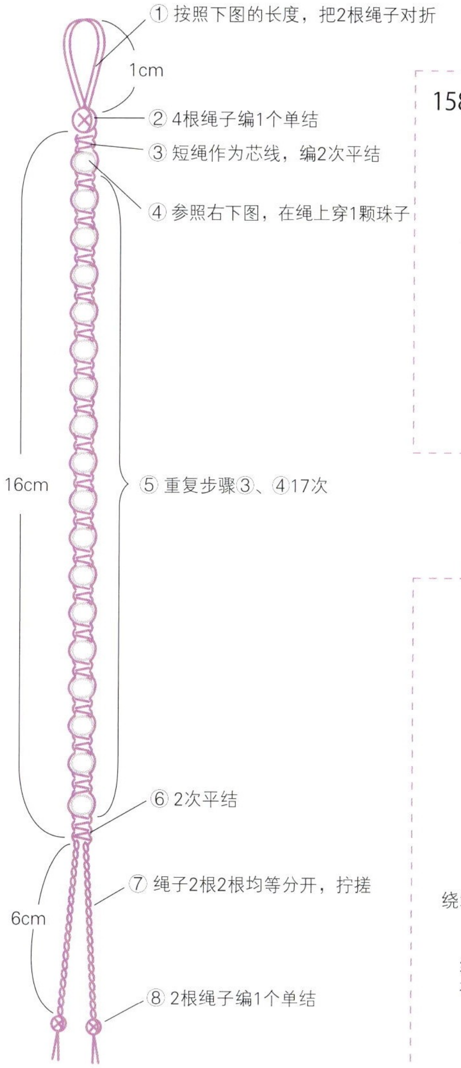

①按照下图的长度，把2根绳子对折
1cm
②4根绳子编1个单结
③短绳作为芯线，编2次平结
④参照右下图，在绳上穿1颗珠子
16cm
⑤重复步骤③、④17次
⑥2次平结
6cm
⑦绳子2根2根均等分开，拧搓
⑧2根绳子编1个单结

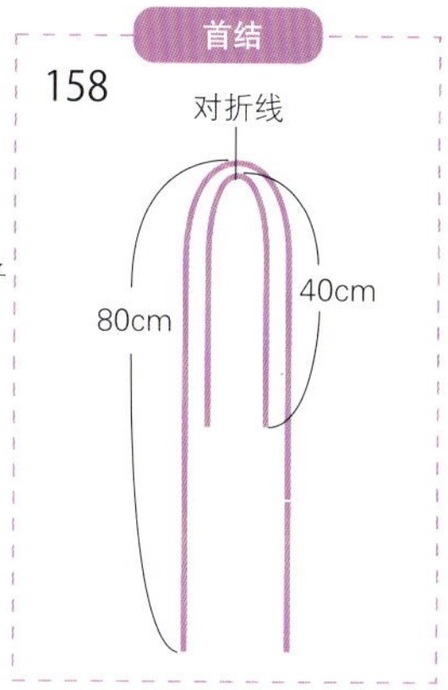

首结
158
对折线
80cm
40cm

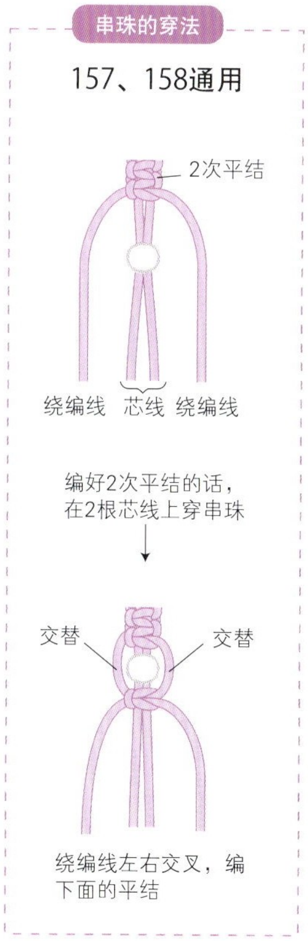

串珠的穿法
157、158通用
2次平结
绕编线
芯线
绕编线
编好2次平结的话，
在2根芯线上穿串珠
交替
交替
绕编线左右交叉，编
下面的平结

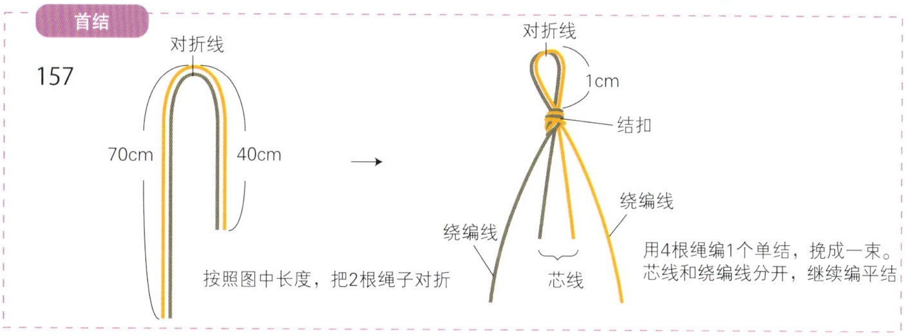

首结
157
对折线
70cm
40cm
按照图中长度，把2根绳子对折
对折线
1cm
结扣
绕编线
绕编线
芯线
用4根绳编1个单结，挽成一束。
芯线和绕编线分开，继续编平结

159 麻线 中粗 紫色（332）、黑色（326）120cm 各1根
优质金属制珠子<3mm> 银色（AC1428） 54颗
白镴（AC1264） 1个

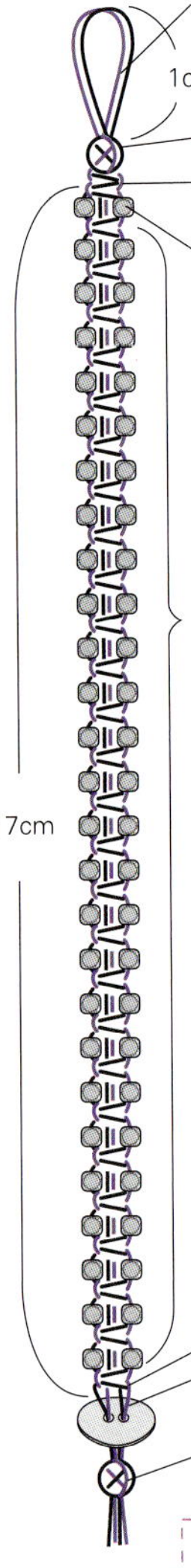

① 按照下图的长度，把2根绳子对折
1cm
② 4根绳子编1个单结
③ 2根短绳作为芯线，编1次平结
④ 参照右图，在左右的编绳上各穿过1颗珠子
⑤ 重复步骤③、④26次
17cm
⑥ 1次平结
⑦ 把绳子2根2根地均等分开，穿过白镴的孔
⑧ 4根绳子编1个单结

穿珠的方法

159

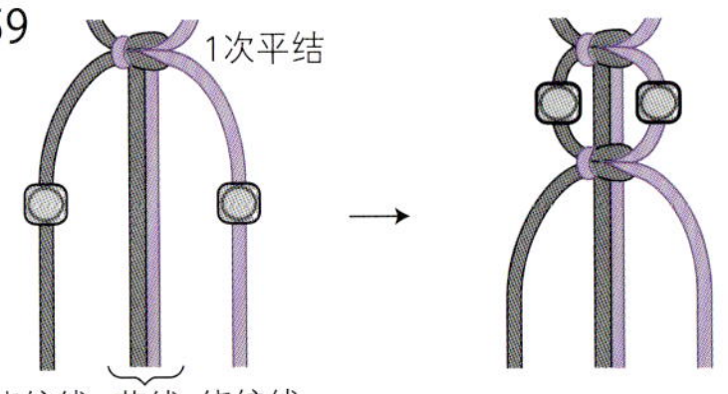

1次平结
绕编线 芯线 绕编线

编完1次平结，在左右编绳上各穿1颗珠子

编下面的平结

首结处

159

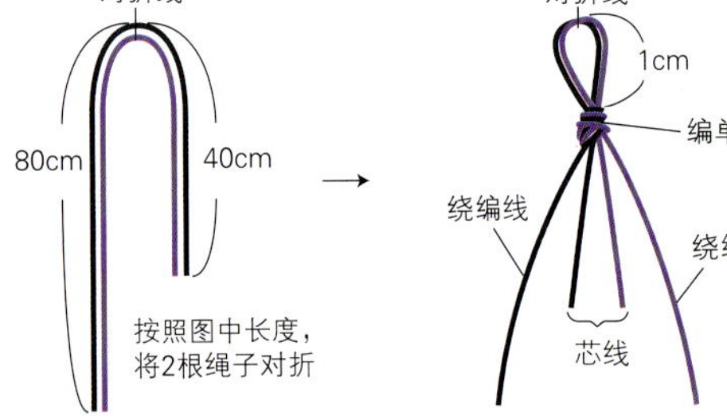

对折线
80cm
40cm
对折线
1cm
编单结
绕编线
绕编线
芯线

按照图中长度，将2根绳子对折

4根绳编1个单结后，挽成一束。芯线和绕编线分开，继续编平结

160 麻线 细 橘色（328）80cm 1根、160cm 1根
椰子壳串珠（MA2229） 36颗

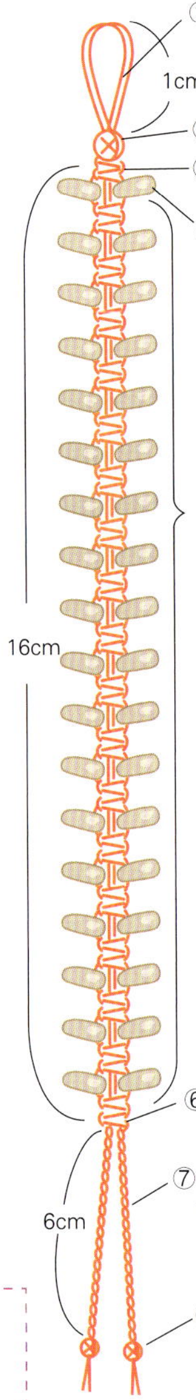

① 把2根绳子在中间对齐，对折（参照P.63的作品158）
1cm
② 4根绳子编1个单结
③ 2根短绳作为芯线，编1次平结
④ 在左右的绕编线上各穿过1颗珠子
⑤ 重复步骤③、④17次
16cm
⑥ 2次平结
⑦ 把绳子2根2根地均等分开，拧搓
6cm
⑧ 2根绳子编1个单结

穿珠的方法

160

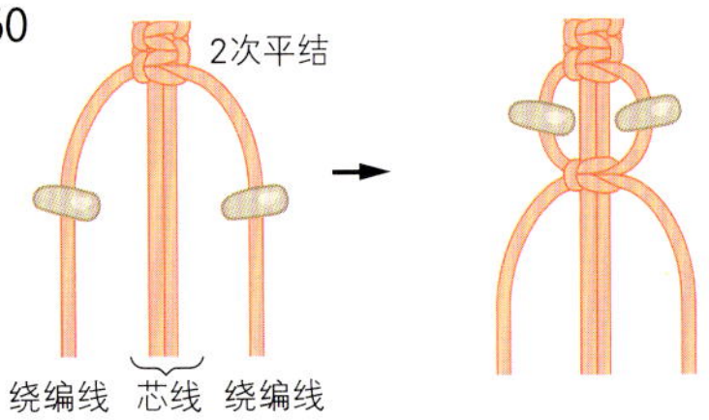

2次平结
绕编线 芯线 绕编线

编完2次平结，在左右编绳上各穿1颗珠子

编下面的平结